伦理学与公共事务

Ethics & Public Affairs

第 10 卷

主　　编　李建华

执行主编　冯昊青

ZHEJIANG UNIVERSITY PRESS

浙江大学出版社

·杭州·

图书在版编目(CIP)数据

伦理学与公共事务.第10卷 / 李建华主编.—杭州：
浙江大学出版社,2021.12
ISBN 978-7-308-22272-3

Ⅰ.①伦… Ⅱ.①李… Ⅲ.①公共管理－伦理学－文
集 Ⅳ.①B82-051

中国版本图书馆 CIP 数据核字(2022)第 010658 号

伦理学与公共事务(第10卷)
LUNLIXUE YU GONGGONG SHIWU(DI SHI JUAN)
李建华　主编

责任编辑	陈佩钰
文字编辑	金　璐
责任校对	许艺涛
封面设计	雷建军
出版发行	浙江大学出版社
	（杭州市天目山路 148 号　邮政编码 310007）
	（网址：http://www.zjupress.com）
排　　版	浙江时代出版服务有限公司
印　　刷	杭州高腾印务有限公司
开　　本	787mm×1092mm　1/16
印　　张	7.75
字　　数	151 千
版 印 次	2021 年 12 月第 1 版　2021 年 12 月第 1 次印刷
书　　号	ISBN 978-7-308-22272-3
定　　价	58.00 元

浙江大学出版社市场运营中心联系方式：0571-88925591；http://zjdxcbs.tmall.com

《伦理学与公共事务》
编辑委员会

《伦理学与公共事务》
学术委员会

目 录

公共伦理与公共治理

- 风险社会中的社会规范：道德与法律
- 多重制度逻辑视角下智慧治理的冲突识别和机制因应

风险社会中的社会规范:道德与法律

张康之*

　　"规范"一词大致具有三种词性,即"名词""动词"和"动名词"。作为名词的"规范"是指一种存在形态,这种存在可以是自然生成的,主要是得到了人的认识或存在于人的心约之中;也可以是人为制定的,即由人构造的社会存在物,或者以文本的形式出现的规则。作为动词和动名词的"规范"则是指其功能形态,指的是发挥规范作用。作为存在形态的规范是一种抽象的存在,它包含在制度、规则、习俗、道德以及系统结构等各种各样的实体性存在物中,即一切能够稳定地对人的生活和活动产生同样影响的因素都可以被认为是规范。这也说明,即使作为存在形态的规范,也需要从功能上加以认识和理解。所有规范都是与人相关的,所要规范的都是人的行为和思维等;所有规范都是社会规范,只不过其社会性有着程度上的差别而已。

　　规范的形式是多样的,工业社会基本的或者说基础性的规范是法律。如果说工业社会在所有方面都实现了形式化的话,那么法律规范的形式化和普遍性也是与这个社会相一致的,是能够适应工业社会规范、社会生活以及人的行为、行动需要的。我们认为,法律以及建立在法律基础上的和与法律之间有着同一性的所有社会规范,都有着对工业社会的适应性,当人类走出工业社会后,这种适应性就会下降。也就是说,后工业社会需要建构起属于自己的社会规范体系和模式。我们知道,法律并不是在工业社会中发明出来的,在古希腊、罗马就已经有了法律,而工业社会则将法律构造为基础性的社会规范。同样,在农业社会中已经出现了道德,而且道德在这个社会中也发挥了重要的规范作用,但后工业社会将道德确立为基础性社会规范,或者说,将其当作基础性的社会规范来加以建构。事实上,后工业社会的风险社会特征、高度复杂性和高度不确定性,都意味着法律规范功能的衰微,以至于必须用道德规范来填补法律规范去势后留下的空缺。

　　法律是具有普遍性的社会规范,但这种普遍性并不意味着它能够在后工业社会、风险社会中仍然具有它在工业社会中所表现出来的那种规范功能。其实,法律在形式上的普遍性反而恰恰意味着它只能适应于特定的范围和适用于特定的对象。比如,一国的法

---

　　* 作者简介:张康之,浙江工商大学公共管理学院教授,主要研究方向为社会治理哲学与文化。
　　本文系浙江省哲学社会科学规划领军人才项目"风险社会中的公共治理模式和策略选择"(项目编号:22YJC06ZD)的研究成果。

律对另一国的公民就不具有适用性;关于一类事件的法律就不适用于另一类事件;法律无论制定得多么缜密,也不可能无所遗漏。与之不同,道德所具有的是具体性。道德规范的具体性恰恰意味着它可以无所遗漏地适用于每一类场景、每一种行为,而且只要人们拥有了道德,他们在面对每一个具体事件时,就能够做出适当的道德选择。甚至对人类来说,也有许许多多共通的道德情感和道德规范,可以基于一些基本的道德原则而开展具有道德属性的行动。可以认为,在社会高度复杂性和高度不确定性条件下,只有道德才能在社会的运行中发挥规范作用。

一、在社会变革中看规范

20 世纪 80 年代,全球兴起了全球化、后工业化运动。这是一场伟大的社会变革运动,就像人类曾经从农业社会向工业社会转变一样,全球化、后工业化将意味着人类从工业社会向后工业社会转变,意味着人类将进入一个新的历史阶段。在社会规范的问题上,如果说人类在农业社会的历史阶段中所拥有的主要是习俗、习惯、道德等社会规范的话,那么进入工业社会后,人类建构起了系统化的法律规则,并在法律规则发挥规范作用的过程中形成了法治。如果说全球化、后工业化指向的是后工业社会,那么在这个社会中也将有着不同于以往的社会规范体系。当然,就历史具有继承性而言,工业社会乃至农业社会中的规范也会被带到后工业社会中,但基础性意义的规范体系将是道德的而不是法律的。

工业社会是一个法治的社会,不仅是依法治理,而且社会生活以及活动的几乎所有方面都接受法律规则的规范。所谓法治,就是指法律规则得到广泛应用和普遍遵从,即实现了对社会生活、人的行动以及人际关系的有效调整,也就是法律的规范功能得到充分发挥的状态。当然,这是法治的理想状态,现实中的法治肯定会与这种理想状态有着一定距离。如果全球化、后工业化运动所指向的人类历史新阶段将有着不同于工业社会的基础性规范体系,那么我们当前的首要任务就应当是自觉地去探索适应后工业社会要求的新的规范建构的问题。然而,从当前的情况看,尽管全球化、后工业化运动已经走过了数十年的历程,我们所拥有的仍然是承袭自工业社会的规范体系,甚至还在法治建设的名义下不断地强化法律规则的规范作用。在是否需要建构属于后工业社会的规范体系的问题上,似乎少有人去思考,更不用说确认后工业社会需要什么样的规范了。

工业社会是一个低度复杂性和低度不确定性的社会,而在全球化、后工业化进程中,我们则看到了一个高度复杂性和高度不确定性的社会正在袭来。事实上,在人类跨过 21

世纪的门槛时,我们的社会就已经呈现出了高度复杂性和高度不确定性,而社会的高度复杂性和高度不确定性是以风险社会的形式出现的。所以,"风险社会"已经成了 21 世纪的一个热词,处处都可以看到人们谈论风险社会,人们甚至在危机事件频发中产生了对风险社会的某种恐惧。应当承认,在工业社会甚至前工业社会中也存在着风险,有的时候,风险也会演化为危机事件,但人们总是能够找到抗御风险的方法,并走出风险状态。总体看来,在工业社会这个历史阶段中,是能够建立起稳定的法律秩序、能够控制风险甚至能够积极地预防危机事件的。经济以及社会的发展也会出现周期性波动,而人们总是能成功地解决问题,并一次又一次地从低谷中走出来。而且,可以明显感受到,每当走出低谷时,社会就迎来了一次大跨度的发展,人们甚至用"飞跃"一词来描述这种发展状况。

虽然工业社会以及此前的社会中存在着社会风险,但风险社会则是一个新的现象,是在全球化、后工业化进程中发现的新的社会形态。在人类历史上,特别是在从农业社会向工业社会转变的过程中,也出现了类似于我们今天看到的风险社会特征,但那是不能被称作风险社会的,因为革命性变革的结束也就意味着无序、混乱和风险堆积的状态的结束,但在今天,我们却看不到人类走出风险社会的可能性。因为人类社会发展中的复杂化和不确定化已经达到了这样的程度,那就是我们必须接受社会高度复杂性和高度不确定性的事实。如果在复杂性和不确定性方面无法逆转的话,那么人类也就必须接受风险社会的现实。因此,人类所能够发挥主动性和自觉性的地方,就是找到适应于风险社会的生存之路。比如,构建人类命运共同体、改变社会关系、开展合作行动等,就是对风险社会的积极回应。其中,寻求新的社会规范方式,才是真正的具有基础性意义的工作。

当我们提到风险或使用风险这个概念时,在多大程度上所指的是真正的风险?也许在我们的内心深处,做出风险判断的依据就是既有的规范。是现实与规范的冲突让我们感受到了风险。也就是说,我们是从规范的角度去看问题的,从而把一切偏离规范的事实都宣判为风险。也许人们会说这些风险属于主观判断的结果,并不是真正的风险。其实不然,只要人们认定那是风险,并将之作为风险而接受了,那也就成了真正的风险。因为,对既有规范的偏离本身就意味着风险,只不过那些被认识到、感受到和被宣判为风险的东西是首先出现在人的意识和感受中的。广义的风险可以指一切偏离既有规范的事实,而在全球化、后工业化的历史性社会转型运动中,这类事实比比皆是。在这类风险中,也包含着诸多随时演化为危机事件的因素。虽然这类风险是由新事实与旧规范的冲突造成的,但若通过强化旧规范去控制风险,极有可能导致冲突的加剧。即使一时显现出了控制冲突的效果,也不可能消除冲突,反而会因为控制而积累起下一次冲突的力量,致使冲突爆发得更加猛烈。

从 20 世纪后期以来的全球性改革运动来看,虽然我们进行了适应性改革,即调整规范或增加规范的弹性,也在一定程度上达到降低风险的目的,但是,这却不是一条从根本上解决问题的出路。我们知道,这场改革运动是发生在全球化、后工业化进程中的,是因为在工业社会中建构起来的制度、规则等所构成的规范体系不能适应现实的要求而不得不进行改革,所以这场改革运动是以适应性改革的形式出现的。就全球化、后工业化进程是与风险社会相伴相生的来看,风险社会表现出了社会的高度复杂性和高度不确定性,且社会的高度复杂化和高度不确定化已经成为一个不可逆转的趋势,也就意味着既有规范与现实的冲突会爆发。在这种情况下,维护既有的规范并施行超强控制,就可以将规范与现实的冲突分散化,从而化总爆发为小型规模的爆发,但这绝不意味着在自觉地建构后工业社会方面有什么积极行动。那样的话,就不会找到适应风险社会的途径,反而会长期处于被动地应对风险社会中各项挑战的状态。所以,在全球化、后工业化运动中,面对风险社会的现实,适应社会变革要求的一切改革以及其他行动,都应首先关注社会规范的调整甚至变革。

其实,如果进行仔细观察的话,我们能够发现,在 20 世纪 80 年代开始的改革运动中可以解读出这样一层内容:处于主流地位的是一种“轻制度,重行动”的策略,而且这种做法在几乎所有致力于改革的西方国家中得到了推行。当然,发展中国家的情况有所不同,因为这些国家尚处在制度不健全的状态,规范性的制度建设的任务依然很重。所以,我们也可以看到发展中国家在改革运动中或在一些时期出现了强化制度建设的策略。之所以在西方国家会存在这种“轻制度,重行动”的倾向,并不是因为它们自觉地选择了与社会转型要求相一致的道路,而是因为社会的复杂性和不确定性迅速增加迫使它们做出了这种选择。也就是说,因为制度导向的治理方式在公私部门都陷入了困境,为了走出困境而施行的权宜之计碰巧合乎社会发展的要求。其实,在社会复杂性和不确定性迅速增长的条件下,行动导向的思路似乎更为合适。所以,在思考高度复杂性和高度不确定性条件下的人类社会生活模式时,我们提出了行动主义主张。我们的目的就是要把人们的关切点从制度引向行动。当然,这并不意味着对制度功能的否定,制度作为行动框架的功能依然存在,制度的规范功能和秩序功能也不会减弱。所以,我们的行动主义主张主要是一种对社会生活中的行动导向的倡导,希望人们在社会的高度复杂性和高度不确定性条件下获得并持有行动优先的原则,而不是囿于制度缩手缩脚。正是这种行动导向,意味着规范的性质和内容以及规范发挥作用的方式,都将出现巨大的变化,甚至这种变化是根本性和颠覆性的。

我们知道,在现代化进程中,人类社会走上了对社会的法律建构之路,“像家庭和学校的传统的互动领域的建制基础被用法律方式加以改造,而像市场、商业和行政这样的具有正式组织形式的行动系统,则通过法的建构而第一次创造出来。通过货币而开展的资本主义经济或以能力为标准而组织起来的国家行政,最初是借助于它们的法律建制化之媒介而出现的"①。正是在这样一个法律建构的工业社会中,哈贝马斯所说的道德规范的脆弱性成了一个不容否认的经验事实。也就是说,在道德发挥作用的问题上,"从知识到行动的转化,仍然是没有把握的,因为道德行动主体的风险是难测的,高度抽象的自我控制是相当脆弱的,更由于提供这种高要求能力的社会化过程是难以捉摸的。一种仍然建立在与之呼应的合适的人格结构基础之上的道德,如果它无法通过内在化之外的另一种途径来探及行动者的动机——干脆地说,就是通过在行动效果方面对理性道德起补充作用的法律系统的建制化,那么它的效果就仍然是有限的"②。因为社会建构所使用的是法律这种材料,人们所拥有的是法律文化,所以道德在行动以及交往中表现得不可靠,具有一种脆弱性。

在风险社会中,当社会主题转化为如何去解决人的共生共在的问题时,特别是社会的高度复杂性和高度不确定性使得法律建构变得不再可能时,人的共生共在作为一切行动的总目的就会转化为人的道德,并在行动中发挥规范作用。不仅如此,人的共生共在这一目的也决定了人们的思维,从而为道德的强势出场提供了保障。当然,这种状况并不意味着法律变得脆弱以及在发挥作用方面变得不可靠,而是因为社会的高度复杂性和高度不确定性使得形式化和普遍性的法律规则无法发挥作用。总的说来,在一个社会、一个历史阶段中是什么样的因素发挥着规范作用,取决于这个社会、这个历史阶段的建构逻辑以及所使用的基本材料。在风险社会及其高度复杂性和高度不确定性条件下,社会的法律建构为道德建构所置换后,道德发挥基本和主导性的规范作用也就是自然而然的事了。

二、法律:工业社会的主导性规范

"规范"与"规则"两个词语是联系在一起的,但是,规范并不等于规则。规则具有规范的内涵,也能够发挥规范作用,除了规则还有许多自然和社会的因素也能够发挥规范

---

① [德]尤尔根·哈贝马斯:《在事实与规范之间——关于法律和民主法治国的商谈伦理》,童世骏译,北京:生活·读书·新知三联书店,2003年。

② [德]尤尔根·哈贝马斯:《在事实与规范之间——关于法律和民主法治国的商谈伦理》,童世骏译,北京:生活·读书·新知三联书店,2003年。

作用。比如,人在行路时遇到了某个自然的障碍物就会绕行,这个障碍物对于行路者就起到了规范作用。同样,社会结构、人在社会结构中的位置等,也会通过人的心理而产生规范作用。时间也是一种规范,人们所占有的时间资源是丰裕的还是稀缺的,决定了人的行为选择以及开展什么样的行动。社会规范无处不在,但在工业社会中,我们的社会生活和活动更多地被要求遵守规则。法律是以规则的形式出现的,也是工业社会中所有规范因素里的主导性规范因素。

如果说许多规范是在社会生活中自然而然产生的,那么所有规则都是由人制定的。人们在制定规则的时候,可能是响应了社会的要求,也可能是为了贯彻某种意志。尽管这两个方面经常混杂在一起,很难将它们截然分开,但还是能够明显地体验到规则以及规则制定的过程中是有这两个方面的因素的。出于社会需求而制定的规则必然会因为社会的变化而发生变化,因为社会的变化而改变规则甚至抛弃规则的做法都是常见的;贯彻某种意志的规则更多地受到意志本身改变的影响,一旦造就某种规则的意志改变或消失,那么这种规则即便没有公开宣布废止,也会被搁置起来而不再发挥规范作用。从这两个方面看,人类进入风险社会时,显然要去思考规则在社会生活中的存续状况。如果风险社会的生活不再需要规则,或者说规则不能够在风险社会的社会生活和活动中发挥作用,那么人们抛弃规则也就是合理的了。同样,人们在工业社会中所拥有的那些决定规则制定的意志在风险社会中会不会发生改变?显然,不仅个人会因为生活场景的变化而发生意志的改变,而且一代人会有一代人的意志,更何况通过规则开展社会治理的条件、目的、目标、路径、效果等各个方面也都会反映到人的意志上来,因而人们也会提出制定什么样的规则和是否坚持制定规则的问题,并做出回答。总的说来,我们在谈论规则的时候主要指的是法律。在工业社会中,法律作为规则得到了广泛应用,并基于法律而建构起了法治社会,如果风险社会中的人们无法应用法律的话,还会投身于制定法律的活动中吗?

就"法律"一词来看,它不仅指具体的法条以及由法条构成的文本,也指法律制度甚至法律秩序。这是在广泛的意义上使用的"法律"一词。在孟德斯鸠看来,启蒙时期的社会建构方案中所要体现和贯彻的是"法的精神"。事实上,在工业社会的整个建构过程中,不仅制定了名目繁多的法律,形成了系统化的法律体系,而且全部的社会建构也体现并贯彻了法的精神。所以,我们在一切行动中都会自觉或不自觉地想到应用规则、遵守规则和制定相关的规则,以求通过规则规范行为和行动。不过,我们倾向于认为,在风险社会或后工业社会中,法律这个概念中的制度含义将会得到极大的弱化,更不用说在社会生活和活动中贯彻法的精神了。风险社会所拥有的也将不再是法律秩序,至于构成了规则的法条,如果有着足够的具体性和灵活性,肯定会存在并发挥一定的作用。可以断定的是,在风险社会或后工业社会中,法律更多是从属于自治而不是"统治"的需要。我们相信,在风险社会中,人们不仅不会产生如"统治"这个词的语义上的统治之需要,而且不会出现历史上曾经存在过的任何一种作为政治学概念所指的统治和统治者。即便法律表现出了对管理要求的回应,那也是很浅表的一层内容。所以,出于自治要求的法律会通过内化为人们的内在规范的方式发挥作用。

法律是以规则的形式出现的规范,工业社会也被人们称为法治社会,原因就是它建立了完善的法律规范体系,并努力使其覆盖到社会生活的每一个方面和几乎每一个事项。其实,任何一种规范都意味着一种社会标准,让人们按照这个标准来衡量自己在社会生活中的行为和行动,并实现自我约束。但是,有的规范是外在于人的,是由社会或其他社会力量强加于人的,而有些规范是内在于人的。当然,外在于人的规范和内在于人的规范是可以实现相互转化的。但是,当我们不去观察它们相互转化的情况,而只观察它们的功能,所看到的就是,外在于人的规范具有形式上的稳定性和明确性,尽可能消除不同的人对它们在理解上的歧义;内在于人的规范则没有确定的形式,而是取决于人对它们的理解、领悟,人们要想创造性地诠释和应用这些内在于人的规范,肯定会接受社会评价,却又不是由社会评价所决定。一般说来,在能动性的意义上,一个社会也许能够为那些内在于人的规范发挥作用而营造出一定的氛围,却不可能设置保证那些内在于人的规范得到实施的强制性的保障体系。正是这一点,说明了为什么工业社会一直倡导道德却又无法保证道德发挥作用。这种状况也就是哈贝马斯所说的"道德的脆弱性",而且这种看法也是工业社会中的人们的普遍共识,即道德至多只能发挥一种"软约束"的作用。

人们往往认为,法律与法治表明一个社会有着共同价值。这在理论证明上是一种为法律和法治寻求共同价值基础的做法,但我们认为这种做法并不能做出有说服力的论证。因为,倘若一个社会有着共同价值的话,那么恰恰可以证明这个社会不需要法律和法治就已经有了较为充分的规范。工业社会依赖于法律,建构起了法治,反而证明这个社会是没有共同价值的。即使个人主义和利己主义的原则,也不能视为这个社会的共同价值,反而意味着价值的分裂,即每个人都将自己视为世界的原点,每个人都主张自己的利益。正如昂格尔所说的那样:"如果存在着一种所有人在同等程度上共享的完全统一的、并毫无争议地确定行为的是非的完全一体化的共同价值体系,则一套公式化的强制性的规则大概就是不必要的了。"[①]所以,法律以及法治恰恰说明了这个社会是缺乏为整个社会所共享的共同价值的。

法律和法治并不因为人们的普遍认同而得到增强,相反,正是因为存在着利益矛盾

---

① [美]昂格尔:《现代社会中的法律》,吴玉章等译,北京:中国政法大学出版社,1994年。

和冲突,法律和法治无论达到了多么完善的程度都让人感到不足。利益矛盾和冲突的社会是以多样化和多元化的形式出现的,这种多样化和多元化也反映在价值认同方面,意味着这个社会没有可以为全体成员普遍认同和共享的价值,以至于不得不求助于形式化的规则。不过,这里所说的多样化、多元化又是有限度的,或者说这种多样化和多元化并未使得整个社会在复杂性和不确定性方面达到某种不可认识、不可驾驭的程度。我们把这种状况称为低度复杂性和低度不确定性。一旦社会呈现出高度复杂性和高度不确定性的特征,那么这个社会求助于法律而开展社会治理又变得不可能了。因为,所有的规则都是形式化的,作为规则的法律在形式化方面尤显突出。高度复杂性和高度不确定性意味着一切形式化的东西都是不稳定的,形式的变幻不定本身就是一种形式。法律以及一切规则都只有具有稳定性才能发挥其功能,或者说,法律及其一切规则都只有是稳定的,才能为人们所遵守。当我们说高度复杂性和高度不确定性的社会中的任何形式都是不稳定的时候,也就包含了对法律这种追求形式稳定的规则的一种判断了。

根据库恩的范式变革的理论来看法律体系,也会形成一种终结法律规范的观点。库恩认为,当一种理论体系非常繁复的时候,就会因为人的天然的化简追求而要求其变革。将库恩的这一观点用在观察法律体系,并将其比喻成一个范式的话,就会看到,法律体系在今天已经膨胀到了律师以及其他专业人员无法掌握它的地步。这是不是意味着库恩所说的范式变革总是会发生在规范变革上呢?不过,我们并不用库恩的观点来证明规范变革的问题,而是从现实出发来看规范变革的必然性。我们已经指出,风险社会所具有的高度复杂性和高度不确定性的特征。当法律以及其他规则体系在这个社会中的适应性下降时,或者说,当法律不足以成为社会治理的依靠和依据时,唯一可以通行的道路就是转而求助于非规则化的规范,特别是求助于人们内化于心的规范。我们认为,风险社会及其高度复杂性和高度不确定性条件下的基本社会主题是人的共生共在。事实上,人的共生共在已经转化为构建人类命运共同体的理念,并构成了这个社会的基准性价值,而且必将为人们所共享。在某种意义上,风险社会中的人们如果不认同人的共生共在这一基准价值的话,他就会丧失生存的资格。在全体社会成员普遍认同人的共生共在这一基准价值时,那么这一基准价值也就会为人们所内化,并成为规范。可以认为,风险社会中的人们所依靠的不是规则,反而更多是依据规范行事和用规范去定义它们相互间的关系。

当然,就法律及法治是工业社会所确立起来的传统而言,也会成为风险社会继承而来的一笔遗产。也就是说,风险社会中仍然存在着包括法律在内的各种各样的规则,但人们对规则的应用以及要求会逐渐减弱,而不是像在工业社会中那样在立法以及法治建设方面有着似乎无尽的要求。总体看来,在高度复杂性和高度不确定性条件下,已存在的规则不可能对行为产生规范作用。这是因为,按照已存在的规则行事,就会脱离当下的实际。所以,人们只能凭着自己所拥有的内在于自己的规范与基本社会价值相契合的方面去开展行动。在风险社会中,在高度复杂性和高度不确定性条件下,人的共生共在是这个社会的基本目的,也是基准价值,它必然会内化为每一个人的内在规范。即便它以规则的形式出现了,那样的规则也是弹性化的,同样需要得到行动者根据实际需要而做出的理解和领会。在工业社会中,遵守规则被视为理性的做法,不遵守规则往往被认为是一种感性冲动。在风险社会及其高度复杂性和高度不确定性条件下,不认真地考虑规则对行动的规范,而是根据实际情况和内在规范的要求去开展行动,这虽然在形式上表现为直觉的状况,实际上却正是理性的做法,也是理性的标志。

三、法律与道德的功能

哈贝马斯认为:"法律规则和道德规则是同时从传统的伦理生活分化出来的,是作为两个虽然不同但相互补充的类型的行动规范而并列地出现的。"[1]但是,在自主性的问题上,哈贝马斯认为,法律的自主性应当追溯到"人民主权"。这实际上是承认法律的自主性是一种间接的自主性,而不是执行法律的人本来就有自主性。而且,法律更不可能给予其作用对象以自主性。所以,从法律的意义去谈论自主性是没有意义的。只有道德,它不仅让拥有它的人有自主性,而且给予他人以自主性。其实,认为"法律规则"和"道德规则"都是从传统伦理中分化出来的这一观点本身也是值得怀疑的,它只是简单地搬用了黑格尔"历史哲学"中的观点,姑且不说现实中是否存在如哈贝马斯所说的"道德规则"。显然,法律作为规则是无须解释的,而道德何曾以规则的形式出现过,这也许是哈贝马斯没有考虑过的问题。

从历史演变的实际进程看,如果说道德规则与传统伦理有着割不断的关系的话,那么对于法律规则,是不能够简单地追溯到传统伦理源头的。虽然古代希腊和罗马的法律规则是与伦理重合的,或者说,包含着伦理的内容,但现代法律规则是与法的精神联系在一起的,甚至现代社会中的道德规则也与农业社会中的道德规范有着根本性质的不同。在现代社会中,"一般的行为规范一分为二,成就道德规则和法律规则"[2]。也就是说,现

---

① [德]尤尔根·哈贝马斯:《在事实与规范之间——关于法律和民主法治国的商谈伦理》,童世骏译,北京:生活·读书·新知三联书店,2003 年。

② [德]尤尔根·哈贝马斯:《在事实与规范之间——关于法律和民主法治国的商谈伦理》,童世骏译,北京:生活·读书·新知三联书店,2003 年。

代社会中的法律与道德都只能从这个原子化的社会中来加以理解,是从属于规范自我中心主义世界中的行为之需要的。

从功能的角度看,法律规则的刚性是道德远远无法企及的,法律表现出的有效性使得道德的功能难以被看见,许多德目似乎是我们生来就熟知的,却无法保证我们的行为、行动是德行。所以,担负着社会治理职责的人,往往只是在言语上表达了对道德的重视,而在行动上则感到法律应用起来更加顺手。这也就是人们总是将现代社会中的国家称作"法治国"而不是"道治国"的原因。当然,"法治国"中也因为倡导道德而为道德保留了一席之地,但在人的自主性的问题上,法律规则的刚性也就意味着人的自主性的丧失,道德相对而言是能够给予人以一定的自主性的。不过,在"法治国"的实践中,道德自主性是非常有限的,不管人们如何重视道德规范的功能,也不可能通过道德及其德目去建构起充分的自主性腾挪空间。所以,对自主性的渴望也只能寄托于替代了工业社会的那个新的历史阶段。也就是说,当人类进入一个新的历史阶段,出于一种让人获得自主性的要求,现代性的法律和道德都应得到扬弃和超越。这个时候,法律与道德功能上的互补关系可能就会颠倒过来,道德将不再是法律可有可无的补充因素,反而能够成为主导性的规范因素,发挥主导性的规范功能,但法律依然是必要的,也将被作为道德规范功能的补充看待。

在功能实现的意义上,我们会引入"有效性"的概念,因而在讨论法律规范和道德规范时,会在有效性方面对它们进行比较。法律规范与道德规范的有效性取决于其基本的社会背景,在不同的历史条件下,它们各自在有效性的问题上表现不同。在工业社会的低度复杂性和低度不确定性条件下,法律的有效性显然是道德无法企及的,但在风险社会及其高度复杂性和高度不确定性条件下,法律就不仅是一个能否具有有效性的问题了,而是一个能否得到制定和应用的问题了。也许人们会对这种条件下的道德有效性表示怀疑,但在法律因为高度复杂性和高度不确定性而缺位的情况下,道德必须出场,以替代法律缺席造成的规范空场。不过,当风险社会确立了人的共生共在的理念后,人的一切行动都围绕着人的共生共在这一目的展开,关于道德规范的有效性问题也就不会作为一个必须提出并加以解决的问题了。

我们需要看到,在有效性的问题上,法律规范与道德规范涉及的标准或参照系是不同的,法律规范的有效性是实现目标的有效性,而道德规范的有效性并不是指向目标的有效性,而是直接地指向目的,表现为一种实现目的的有效性。就目的与目标不尽相同而言,法律规范与道德规范的有效性并不属于一个世界位面上的有效性。可以说,对于法律规范与道德规范的有效性,是无法进行比较的,至多只是因为都有了有效性的提问或使用了有效性的概念,才被人们放在一起加以讨论。不仅在目的与目标的区分中可以看到关于法律与道德有效性的讨论是没有意义的,而且我们也不应在工业社会低度复杂性和低度不确定性条件下去对道德规范的有效性提问。我们不难发现,当人们谈论工业社会中的道德规范的不可靠性时,其实是没有考虑到那不是一个道德的世界,道德本来就是这个世界中的异物。同样,也不应在风险社会及其高度复杂性和高度不确定性条件下对法律规范的有效性进行讨论,因为,当人类走进风险社会时,已经从一个世界穿越到了另一个世界,风险社会不再是法律规范的大本营了,我们没有理由要求法律规范具有十足的有效性。总之,在不同的历史背景和不同的社会条件下,法律规范与道德规范的有效性并不是同时作为问题而存在的。尽管从历史上看法律与道德总是同时出现在社会生活及其实践之中,而且会表现出功能互补,但当我们考虑一个社会的基础性规范的时候,就必须指出法律规范是工业社会中的基础性规范,只有在工业社会中去谈论它的有效性才是合适的。道德规范相对于风险社会亦如此。

我们一再指出,人们经常为工业社会中的道德缺位而感到无比痛心,呼吁道德的声音总是慷慨激昂,但道德在这个社会中是不能够发挥基础性的规范作用的。其实,在工业社会发展过程中,不仅理论上的道德呼声很高,而且实践上的尝试也经常发生,但都以失败而告终了。比如,面对权力腐败的问题,有人以为引进道德规范就可以解决问题,甚至有人以为通过道德立法就能一劳永逸地根治权力腐败的问题,这显然是一种非常天真的想法。福克斯和米勒清楚地看到这种做法是不可能成功的。"在一些典型的欺诈事件和权谋中,选举官员的渎职和玩忽职守(如'水门事件')引发了象征性的亡羊补牢式的职业道德重建和公共服务改革。在道德转换时期所颁布的法规,在'水门事件'过后的岁月里,只不过是对官僚机构的从业人员强加的又一整套规范性法规,在预防接下来的'伊朗门事件'以及'基廷五人'储蓄贷款丑闻过程中当然是无效的。"①

如果囿于既定的社会治理模式去思考道德的补救,除了增加一些没有意义的道德规范,是没有什么益处的。特别是当道德重建被用来强化既有的社会治理体系时,只能起到妨碍社会治理体系变革的作用。腐败的问题是与权力有了公共性联系在一起的,是因为权力与其所有者的分离才产生了腐败的问题。权力公共性的获得是在工业社会,而权力与其所有者的分离也是在工业社会中达到了其典型状态。所以,腐败的问题在工业社会中表现得尤其突出。至少在工业社会中,人们对腐败的感知以及反应更为强烈。可是,如我们已经看到的,工业社会无论在理论上还是在现实中,都是法治社会,所接受的是法律的规范。在这一社会中去寻求反腐败的道德途径,肯定是行不通的。当然,可以

---

① [美]查尔斯·J.福克斯、休·T.米勒:《后现代公共行政——话语指向》,楚艳红等译,北京:中国人民大学出版社,2002年。

认为当人类完全告别工业社会而走进了风险社会,也就不会有腐败的问题。不过,社会治理道德化的问题仍然是需要我们在当下的历史转型时刻进行思考的问题。如果说人类在工业社会中建构起来的社会治理方式及其体系并不存在道德化的问题,那么,只有当我们实现了社会治理方式及其体系的根本性变革时,才有了道德化的问题。这就意味着,我们所面对的不是一个将道德因素引入社会治理体系和过程中的问题,而是一个将社会治理体系和全部过程都建立在道德的基础上的问题。也就是说,我们所面对的是一个社会治理伦理重建的问题。

我们之所以认为法律在风险社会及其高度复杂性和高度不确定性条件下有着功能去势的问题,是因为法律的功能只能包含在人们对它的稳定性期待中,而不是像人们在农业社会历史阶段中将法律实施感受为一种惩罚手段那样。法律作为惩罚手段而加以应用只是法律功能实现的一种初级形式,是粗糙和低劣的。与之不同,从属于法治的法律,或者说具有规范功能的法律,是一种标准,是法律覆盖范围内所有人的行事标准,即使表现出对其他方面的规范,也是通过人来实现的,而人所遵循的就是法律所提供的标准。法律之所以能够成为一种具有普遍性的标准,是因为它具有一定的稳定性。如果法律处在不断变动中的话,或者成为行政话语中的"朝令夕改",就无法让人们对它产生期待,也就不能够成为人们遵循的标准。可是,在高度复杂性和高度不确定性条件下,如果人们坚持维护这个标准的话,就会严重地脱离现实,更不用说要求一切社会性的行动或有社会影响的行为都具有合法性了。

法律的稳定性来源于或表现为哈贝马斯所说的这样几个方面:"法律规范必须采取可理解的、不矛盾的和精确的、通常是局面规定的形式。它们必须让所有承受者都知道,因此是公开的;它们不应要求有追溯既往的效力;它们必须根据普遍的特征来调节给定的那组情境,并且同法律后果相联系,由此使它们有可能以同样方式运用于一切人和一切可比的地方。"[①]用"公开的""明确的""普遍的"等关键词就可以概括法律规范的基本特征,道德规范也有着一些法律规范所具有的特征,但在表现上还是有着很大不同的。其中,道德规范不一定以文字的形式被制作成文本,许多道德规范在形式上可能是"不立文字,心心相印"的。也许关于法律与道德形式上的不同的讨论具有一定的学理上的意义,但对于实践而言,并不是必要的。实践所要考虑的是可行性的问题。

从实践的角度看,在风险社会中,假若人们坚持把工业社会的法治模式搬过来的话,立马就会发现,人们在这个社会中的行动需要在法律与社会现实之间做出选择,要么带

---

① [德]尤尔根·哈贝马斯:《在事实与规范之间——关于法律和民主法治国的商谈伦理》,童世骏译,北京:生活·读书·新知三联书店,2003年。

着合法性要求的理念依法而行；要么从现实的需要出发采取行动。这才真正是哈贝马斯所说的那种"规范与现实的对立"。如果存在这种规范与现实的对立，那么希望给人以稳定期待的法律就会与高度复杂性和高度不确定性的现实相脱离，即不再能反映现实的要求，致使人们需要在它们之间做出选择。我们相信这种情况是不可能出现的，因为人们必然会从风险社会的现实出发去开展行动和寻求可替代性的社会规范。这也就是我们认为道德规范将会成为主导性和基础性的社会规范的理由。

我们需要认识到，规范并不是单向的规定、限制和约束等，而是一个交互作用的过程。并且，许多规范是在历史的发展中生成的，属于历史遗产，并为当下的人们所用。如果把对规范的遵守、超越和破坏视为纯粹主观的现象，显然包含着某种强词夺理的成分。对于认识论来说，类似的问题引发了无数争论，而且反复回到争论的原点从而使争论持续地进行下去，却永远无法形成结论。事实上，这类争论已经严重地脱离实践，或者说对实践没有任何意义。主体与客体、主观与客观等二分的做法属于一种不合理的抽象，因为主体中是有客体存在的，同样，主观中也有客观的因素，为了认识论的建构而将它们截然分开，引发了许多无谓的争执。所以，在交互作用的视角中，关于主体与客体、主观与客观的区分是不可取的，更不用说不合逻辑地杜撰出所谓"主体间性"了。对于实践而言，在尊重现实的前提下直接在各种现象中去找到直观本质，并在对本质的把握中去发现效用的状况，才是正确的行动方向。比如，害羞、羞耻等在什么场景以及在什么程度上反映了道德的规范作用，就是一个可以用作建构道德规范的参照事件，它所代表的交互作用也能够提供一种提高社会价值的思路。

四、风险社会中的道德规范

自人类社会早期开始，就生成了一种基于人的血缘关系的道德。尽管这种道德在工业社会中依然有着持久的生命力，但在工业社会领域分化的条件下，其主要被保留在了日常生活领域中。在公共领域，这种道德是遭到排斥的，即便在私人领域中，也时时受到提防（如家族企业往往被要求改制）。人们常说工业社会出现了道德荒漠，其实主要是那些生成于农业社会以及更早时期的道德规范在某些领域以及某些生活场景中遭受了排斥。应当说，工业社会中也生成了属于这个社会的道德。比如，在平等、自由、言论公开、保护隐私等一些基本原则下，形成了属于工业社会的道德规范体系，只不过在强势的法律规范面前显得软弱无力而已。这说明道德具有历史性，道德规范体系会随着历史的演进而发生变化。在从农业社会向工业社会转型的运动中，能够得以保留的只是很少一部分道德规范。同样,在从工业社会向后工业社会转型的过程中,我们是不应当基于工业社会的道德规范及其功能实现的状况去对后工业社会的合作行动道德化表达怀疑的。

如前所述,所有规范都是社会性的,所有规则都是人为的。社会的发展必然伴随着规范的变迁,而人的主观追求以及行为方式的改变也需要得到规则的相应调整的支持。规则是通过其规范功能而发挥作用的,虽然规则只是众多规范中的一部分,却是规范中活跃的部分。规则的调整可以影响到整个规范体系,即对其他发挥规范作用的因素产生影响,并促使它们发生变化。所以,在自觉地促进社会有序发展的行动中,都需要从规则的调整入手,这种调整既是稳妥的又是经济的,而且在工业社会中成了社会发展的主要途径。这就是我们已有的历史经验。不过,在风险社会中,社会发展的主题正在为人的生存主题所替代。也许在一个很长的时期中我们依然会将人的生存寄托于社会发展中,但随着人类在风险社会中越陷越深,总会在某一天认识到生存问题跃上了第一位的位置。所以,规则与规范的社会功能需要得到重新审视。进而言之,通过规则调整而改变社会规范的逻辑是否仍然得到遵循,也是一个需要重新审视的问题。我们认为,在风险社会及其高度复杂性和高度不确定性条件下,规则的规范功能将会受到严格的限制。第一,规则的普遍性程度将日益弱化,绝大多数规则都将是在具体的领域、场景中生产出来的,其适应范围也是受到了严格限制的;第二,规则的刚性逐渐被弹性、灵活性所置换。相应地,规范中的那些非规则部分,特别是道德价值等,将会发挥越来越重要的作用,即成为规范体系中的基础性部分。

从理论上看,20 世纪后期的一些理论思考在考虑民主制度的改进方案时,也包含着弱化制度规范的内涵。我们看到,哈贝马斯就试图引入"商谈原则",以求通过商谈原则去弥补形式民主的不足,从而使民主不仅以静态的制度和体制的形式存在,还能够因为商谈原则的引入而获得活动、行动的特征,成为交往活动的政治和社会方式。哈贝马斯的这一构想很快以协商民主理论的形式出现了。然而,问题是商谈以及交往关系如何能够突破形式民主的限制?显然,如果不能突破形式民主的限制,就不可能使商谈顺利展开,也就不可能使交往关系具有平等的属性。

哈贝马斯希望从伦理的意义来定义商谈,并以此为交往关系贯注道德内涵,进而通过交往行动对形式民主进行矫正。在他看来,这样做可以使道德规则与法律规则统一起来。实际上,如果落实到实践中,除了在一些微不足道的具体问题上开展不计时间成本的所谓协商民主的行动,是不可能使现代民主制度及其治理方式有所改观的。艾里斯·杨就意识到了这个问题,但她试图解决这一问题的做法却是沿着哈贝马斯的思路走下去。所以,她花费了大量篇幅去论证协商民主在国家宏观的以及普遍的治理上是适用的。可是,她的论证是不成功的,因为她最终也没有给出一个明确的行动方案。可见,哈贝马斯通过引进商谈原则改造形式民主的设想所表达的只是一种良好的愿望,不仅在实践上无法落实,在学理上也缺乏缜密的论证,或者说无法得到论证。法治是与民主联系在一起的,法律的制定基本上都被要求按照民主的方式来做。如果不能实现对民主的改造,不能将制度模式改造成行动模式,也就无法改变一切依规则而行的现状。

在风险社会及其高度复杂性和高度不确定性条件下,如果建构起了合作行动模式,而且这种合作行动中也存在着法律和需要法律的话,那么这种法律不一定是通过固定的程序而制定的,而是在具体的合作行动场景中产生并发挥作用的。一是针对具体的合作行动事项而制定的法律;二是由微观的合作行动体自主地以行动需要而通过协商制定的法律,该法律会在行动的过程中随时得到调整,并在此项行动结束的时候自然废止。在这里,行动者就是法律的创制者,工业社会的所谓人民主权以及由人民直接创制法律的理想,在这里将以行动者创制法律的形式出现。当行动者自主地创制法律的时候,是基于道德而立法的,而不是"道德立法",即不是把道德变成法律。有了道德依据,法律也具有了道德属性,而非仅有道德的形式。

如果说哈贝马斯所说的商谈原则具有有效性的话,也许只有在合作行动的具体场景、具体过程中才能得到证实,而不是在弥补和矫正现代形式民主的不足方面发挥什么作用。这样的话,商谈原则的引入也就不会按照哈贝马斯所设想的程序进行,而是非程序化的。立法过程因随机性的需要而触发,不会存在预先确立的立法程序。自主的立法,从属于自治需要的立法,为了增强合作行动协调性的立法,在获得了所谓法律的时候,也就不再具有工业社会中的那种"他治"属性,而是以自治为目的的规范,所发挥的也是自治的功能。在此意义上,如果不是按照工业社会的语用方式将其说成法律的话,那么将其说成道德也是无可争议的。事实上,对合作行动起着规范作用的主要是道德,法律被制定出来也只从属于道德功能实现的需要。在这里,人们所要关注的不是法律以及它所规范的行动的合法性,而是应当关注其是否具有道德性的问题。

"社会行动在交互主体性方面共享的包括规范、价值观念、信念、历史、期望、志向和实践在内的背景下发生。它既是富有意义的又是意向性的。在行动中,人们把意义赋予他们的环境、他们自己的行动和其他人的行动。行动可以与行为相对照。行动是意向性的,而行为是受动的。"[①]当我们谈论行为时,潜含着其主体是单个的个人,而行动的主体,即便是个人,也必然是处在与他人的互动之中的,是发生在具体的环境中的与他人的互动过程,或者说,是众多行为的复合状态。法律可以规范人的互动,但这种规范是一种单纯的规范,不可能促进互动,即使法律将促进互动作为法条的内容,也不可能对互动产

---

① [美]杰·怀特:《公共行政研究的叙事基础》,胡辉华译,北京:中央编译出版社,2011年。

生实质性的影响,至多起到了号召的作用。与之不同,道德既能实现对人的互动的规范,同时又会在这种规范中包含促进互动的内容。总的说来,在风险社会及其高度复杂性和高度不确定性条件下,人们之间的互动是很难通过法律来加以规范的。只有道德,才能在这种条件下实现对人的互动的规范,同时也将某些互动的积极性赋予行动者,促使他们互动。

在风险社会中,法律更多是作为一个知识系统而存在,而道德则构成了主导性的行动系统,或者说,道德是实践的。如果法律也能够渗入行动系统中的话,则会改变自己的形式而趋近于道德。或者说,在行动者这里,是将法律加以内化而转化为道德的,从而使行动表现出道德行动的特征。也就是说,风险社会中的合作行动即便接受了法律的规范,就这种规范所具有的知识属性而言,也意味着行动在本质上是道德行动。因为法律规范在渗入行动中的时候已经实现了道德化,是以道德规范的一种形式出现的。虽然在发挥规范作用的过程中也许会让人看到它的法律形式,但在本质上以及作为功能实现的结果上,则是道德的。也可以说,如果工业社会的道德需要合乎法的精神的话,那么在风险社会中,法律也需要合乎伦理精神,只有合乎伦理精神的法律,才能存在于这个社会中,才能发挥规范作用。所以,风险社会中的法律是道德的构成部分,也是道德的形式。当我们说道德在风险社会中发挥了主导性的和基础性的规范作用时,显然是在法律与道德之间做出了区分,并根据这种区分看到了法律提供辅助性和补充性的规范作用,而且也在一定程度上发挥着为道德规范提供保障的作用。但是,在广义的道德概念中,是包含着法律的,或者说这是法律与道德相统一的状态。法律与道德的统一,构成了风险社会中的规范体系。

多重制度逻辑视角下智慧治理的冲突识别和机制因应

李天峰　李建华*

一、问题的提出

科技革命驱动着生产力质的飞跃,由此驱动着上层建筑——社会经济制度的变革和国家治理体系的转型。①在人类文明转型过程中,科学技术始终扮演着至关重要的角色,塑造着不同历史时期社会的基础形态和政府的组织形式。如果说,科学技术是实现社会治理体系和治理能力现代化目标的技术路径,那么政府则是实现该目标的基本保障,是催生治理革命和技术创新的行动主体。进入21世纪,人类社会已然迈入第四次工业革命,算法、大数据、人工智能成为引领新一轮科技革命、重塑社会发展形态的核心技术。社会环境的变迁加剧了治理的复杂性,给政府管理和决策的精准性、灵活性和协同性提出更高要求的同时,也为技术驱动下的治理创新提供重要契机。不同于以往由西方主导工业革命下的社会基础形态和政府组织形式,我国政府正积极参与国际科技创新项目并吸纳第四次科技革命的重大成果,在国际社会中率先探索适应于数字与智能技术的产业模式和治理模式。②为适应新兴技术的变迁,在过去的10余年间,我国政府实现从线上映射线下的"电子治理"到整体性职能转变要求下的"智慧治理"这一价值跃迁,积极回应习近平总书记提出的"从数字化到智能化、智慧化,让城市更聪明一些、更智慧一些"③的重要论断,开启了智慧治理的新时代。

智慧治理并非对传统治理方式进行简单的技术加持和点缀,而是在治理过程中对传

---

　　* 作者简介:李天峰,中南大学公共管理学院博士生,主要从事国家治理、行政哲学等研究;李建华,武汉大学哲学学院教授、中南大学兼职博士生导师,主要从事伦理学、政治哲学、治理哲学等研究。

本文系国家社科基金重大项目"中国政治伦理思想通史"(项目编号:16ZDA103)的阶段性研究成果。

　　① 孟天广:《政府数字化转型的要素、机制与路径——兼论"技术赋能"与"技术赋权"的双向驱动》,《治理研究》,2021年第1期,第6页。

　　② 张小劲:《大数据驱动与政府治理能力提升——理论框架与模式创新》,《北京航空航天大学学报(社会科学版)》,2018年第1期,第18—25页。

　　③ 盘和林:《"让城市更聪明一些、更智慧一些"》,《人民日报》,2021年2月3日。

统治理理念和既有组织功能的结构性优化。当前,智慧治理的理论创新和实践探索呈现出百花齐放的态势。在理论创新层面,自泰勒创造科学管理原理以来,诞生了纷繁众多的管理原则,成为指导各自管理范式和决策行动的价值尺度。200 多年来,公共管理的践行者基于自身职能定位和公共政策的选择,始终在效率与公平、市场与计划、国家与社会等多元价值间摇摆,似乎公共管理领域中的多元价值在实践中难以共存。幸运的是,在算法、大数据和人工智能技术的加持下,多重管理目标和价值追求间的包容并蓄成为可能。智慧治理正是一种以现代信息技术为技术支撑,以多方主体为基础平台,以公共利益为价值取向,以提高治理效率、制度创新和增加人民福祉为根本目标的包容性治理模式,从理论上开辟出一条兼顾民主、开放、公平、效率等多元价值目标的治理路径。在实践探索层面,国家相继提出"智慧城市""智慧社区""互联网＋政务服务"等新兴议题,制定《国家信息化发展战略纲要》《促进大数据发展行动纲要》《新一代人工智能发展规划》等新兴产业发展规划。智慧科技及其相关产业在提升决策的专业性和精准度,提升公共服务供给效率的功能性优势方面不断深化,衍生出"智慧治理"的理想图景。具体而言,相较于传统治理模式,智慧治理将信息技术与社会治理相结合,实现治理主体的多元化与技术治理的精准化。一方面,政府借助大数据和信息流,通过统一协调的智能化系统,接受、识别、分析和反馈治理信息,并与各主体交互协作,将分散于不同部门之间的数据加以整合归纳,通过细维度和高颗粒性的算法提供更加精准的治理图像①,辅助政府决策与治理;另一方面,信息化推动了信息资源的传播共享,更突破了时空限制和条块约束,增加了不同主体相互合作的可能性、回应性和可预知性。② 当前,大数据信息互动方式正成为政府感知社会风险和吸纳民众偏好的新兴渠道,驱动着政务服务、政府监管和政府运行的快速化和智能化,使政府围绕技术变革不断调整和优化传统的治理形态。在信息驱动下的技术红利之外,智慧治理的兴起还具有深刻的社会背景和实用主义导向。智慧治理市场化、城镇化和网络化"三化叠加"的现代化进程催生出区域空间的压缩和扭曲、社会冲突的多样性和高频性以及网络行动主义浪潮等风险。③ 面对广泛存在的社会经济风险,采取风险控制的社会治理思路,消除和化解重大风险成为新时代党和政府的重要职责和使命。鉴于科层制结构的天然惰性和改革风险成本的不可预知性,相较于制度更迭和理念转换,低风险、高收益的技术创新受到科层组织的追捧。近年来,我国强化推进智慧治理的宏观政策信号,纷纷开展智慧治理的地方探索,通过大规模的摄像头布

---

① 卫鑫、陈星宇:《智慧政府的功能定位及建设路径探究》,《中国行政管理》,2020 年第 7 期,第 92 页。

② 宋君:《智慧治理:公共行政治理模式变迁中的价值整合》,《领导科学》,2018 年第 8 期,第 27 页。

③ 范如国:《"全球风险社会"治理:复杂性范式与中国参与》,《中国社会科学》,2017 年第 2 期,第 65—83、206 页。

控、5G基站建设、政府内网升级以及云上大数据等手段,实现对治理场域内的全要素链接和全过程记录,提取多维度信息并按算法规则对社会现象加以分析研判,提高了对治理风险识别和应对的敏感性和精准度。然而,由于政府监管缺位和算法自身的局限性,智慧科技在嵌入治理行动的过程中又产生削弱政府公信、弱化参与民主、算法权力越位等非预期性后果。事实上,以算法为核心要素的智慧科技并非完全理性化的"自在"程序,其运行规则的设计需要基于治理活动的目标导向和经验蕴积,与设计者的社会地位、价值观念等因素也密切相关,本身兼具工具理性和价值理性意涵。然而,既有研究大都将新兴技术作为治理转型的因变量①,关注技术如何倒逼流程再造和制度调适,侧重技术对"重塑结构功能"②"再造政务流程"③和实现治理"清晰性"④"参与性"⑤的提升,缺乏对理念偏差和价值扭曲情境的关注。此外,按照历史制度主义的观点,制度具有粘附性特征,仅凭外在技术的功能性优势,尚不足以动摇制度的深层根基,对既有制度的路径依赖使其无法匹配智慧科技带来的治理变革,最终可能偏离智慧治理的初衷。基于上述分析,本研究主要回答的问题是:如何澄清制度规范与技术赋能、价值引领之间的张力,立足于整体性视角探索技术赋能情境下智慧治理的应然状态,形成具有可操作性和共识性的治理机制?

二、多重制度逻辑:一种分析视角

制度逻辑的概念最早由奥尔福德(Alford)和弗里德兰(Friedland)提出,经历30多年的发展,被广泛运用于刻画公共管理事务中实践与信念的内在张力,以及二者如何影响个体和组织的治理行动中。该理论认为个体和组织的价值偏好和行动选择受到制度的影响和塑造,即"能够型塑主体认知和行为的物质实践、假设、价值、信念和规则的社会构建和历史模式,个体通过这些模式生产和再生产他们的物质生活、组织事件和空间,以及

① 吴晓林:《技术赋能与科层规制——技术治理中的政治逻辑》,《广西师范大学学报(哲学社会科学版)》,2020年第2期,第74页。

② 王磊、赵金旭:《结构与技术的互动:我国政府电子治理的演化逻辑——基于政治系统的结构功能理论视角》,《探索》,2019年第6期,第73—82页。

③ 马亮:《公共部门大数据应用的动机、能力与绩效:理论述评与研究展望》,《电子政务》,2016年第3期,第62—74页。

④ 韩志明、李春生:《城市治理的清晰性及其技术逻辑——以智慧治理为中心的分析》,《探索》,2019年第6期,第44页。

⑤ 吴旭红:《智慧社区建设何以可能?——基于整合性行动框架的分析》,《公共管理学报》,2020年第4期,第110—125、173页。

为他们的社会现实赋予意义"①。制度逻辑将个体或组织的行为偏好置于社会背景下,整合基于不同利益联结的多元主体并嵌入差异化的制度框架内。以往的实践经验表明,成熟的制度在不受外界干涉的条件下呈现出的稳定性和排他性,迫使制度之间衍生出难以调和的矛盾,服从一种制度逻辑必然存在对另一种制度逻辑的否定,导致多重制度逻辑在相互联结与耦合的过程中充满矛盾和未知性。

智慧治理的制度逻辑很大程度上反映出新兴技术背景下多元主体在治理场域中的互动关系,它关注不同组织行动者对技术吸纳的价值偏好及其影响下的制度刚性。智慧治理对多元主体情境下治理模式的挑战,需要从基于不同专业、利益和价值的视角来理解,即立足于理性的认知框架。作为一种长期内化于治理机制中的"倾向性态度",不同理性认知框架对新兴技术风险和价值重塑的研判,影响人们对该技术自身及其治理模式的冲突感知。② 而这种对技术风险和价值的理性认知,构成了智慧治理情境中制度逻辑的生成基础,并通过不同的制度安排以诱导微观行动。由于制度逻辑呈现出多重性和排他性特征,公共组织在实施行动的过程中必须不断平衡多重制度逻辑间的冲突和张力。③ 随着对制度逻辑研究的深入,近几年学界开始关注组织如何整合冲突性的制度逻辑,面对冲突性的制度逻辑,行动者可以采取多种适应性策略,从混合型组织的治理机制层面来平衡多重制度逻辑冲突④,弥合行动者在理性认知上的差异性,获得其他行动者的认同和支持,这就为探究多重制度逻辑间的包容并蓄提供了可能。

智慧治理具有复杂的内容层次和生成逻辑,它是理性、制度和行动相互作用的结果。在技术理性的认知框架下,人们过于依赖大数据和人工智能在信息研判中的科学性和精准性,殊不知技术逐渐替代了基于人际实体交往关系建构的社会沟通网络,而这种替代效应正消解治理的主体性地位,使其丧失决策的自主性和执行的能动性。鉴于此,有学者开始强调智慧治理的价值理性,主张重塑治理的人本原则以及治理技术的工具定位⑤,工具理性与价值理性之间的张力逐渐成为智治研究的焦点。依据多重制度逻辑视

---

① P. H. Thornton, W. Ocasio,"Institutional Logics and the Historical Contingency of Power in Organizations: Executive Sucession in the Higher Education Publishing Industry, 1958—1990", *American Journal of Sociology*, Vol. 3(1999), pp. 801-843.

② 庞祯敬:《"理性—制度—行动"框架下的转基因技术风险治理模式研究》,《自然辩证法研究》,2021 年第 3 期,第 30 页。

③ J. R. Sutton, F. Dobbin, J. W. Meyer, W. R. Scott,"The Legalization of the Workplace", *American Journal of Sociology*, Vol. 4(1994), pp. 944-971.

④ A. C. Pache, F. Santos,"Inside the Hybrid Organization: Selective Coupling as a Response to Competing Institutional Logics", *Academy of Management Journal*, Vol. 4(2013), pp. 972-1001.

⑤ 许阳、胡月:《政府数据治理的概念、应用场域及多重困境:研究综述与展望》,《情报理论与实践》,2022 年第 1 期,第 196—204 页。

角分析智慧治理的理性认知,有助于挖掘治理行为背后的深层逻辑,探究兼容多重制度逻辑的治理机制。

从经验层面看,智慧治理具有技术治理、多元参与和主体控制三种制度功能,上述功能的实现受到不同治理结构和目标做出理性选择的影响。基于上述分析,本研究引入新制度主义中的制度逻辑概念,将智慧科技的理性选择融入多重制度逻辑分析中,识别出智慧治理内含的三重制度逻辑:一是公共组织利用信息技术协调推进社会治理过程,为提升治理的专业化和精准化而产生对技术治理的路径依赖,即代表公共组织成员利益的技术强化逻辑,体现为治理的工具性;二是为实现组织利益,通过大数据和算法的加持,将散落在社会各角落的社会事实及其衍生出的社会问题通过一定的算法和公式进行可视化呈现,协助政府测算、评估和调节社会事实及其关系,提高政府作为治理主体对治理对象的监测和控制功能,即代表公共组织利益的主体控制逻辑,体现为治理的政治性;三是以实现公共利益为旨归,依托互联网搭建信息整合平台,通过大数据反馈、人机互动识别公众的多样性需求,构建公共行政主客体间的良性互动,调节并修正治理策略,体现基于公共利益的多元参与逻辑,即治理的价值性。运用这一分析框架审视智慧治理的运行机理可以发现,现有的治理机制基本实现了主体控制逻辑与多元参与逻辑的平衡,伴随着智慧科技的引入,技术强化逻辑嵌入治理过程后,其对原有的制度逻辑框架形成挑战,能否平衡以上三重制度逻辑成为智慧治理的关键(见图1)。近年来智慧治理在顶层设计和地方探索中同步进行,但由于改革仍处于初始阶段,新的三方均衡状态尚未形成,存在一系列亟待解决的问题,后文将从多重制度逻辑的视角对此展开分析。

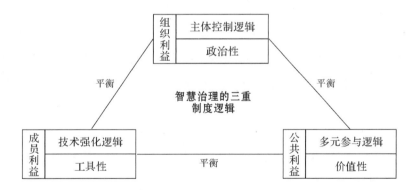

图1　智慧治理的三重制度逻辑及其平衡关系

三、多重制度逻辑视角下智慧治理的冲突样态

智慧治理改革围绕技术赋能政府智慧化转型和技术赋权社会化参与分别展开,在弥补科层制"反功能"、提升国家治理绩效上起到积极效果,特别是对常规性事务治理的改善效果尤为明显。但是由于智慧治理与传统治理的主导逻辑不同,进而引发了一系列制度逻辑冲突。

(一)工具理性越位:技术强化逻辑挤出主体控制逻辑

"工具理性越位"主要指智慧治理网络可能会对算法、大数据、人工智能在内的治理工具产生过度依赖,消解人的主体性和自由意志,具体表现为技术强化逻辑与主体控制逻辑之间的冲突。在智慧科技的应用和推广前,治理过程所面临的障碍之一是信息数据模糊性,传统治理模式下的信息搜集和存储都难以保障其完整性和确定性,导致传统治理方式的科学性因为这一前置条件局限而饱受质疑。智慧治理在破解治理模糊性上的技术优势在于大数据和高精度算法两个方面:一方面,智慧治理将作为治理主体的人类及其从属的社会信息,统一简化为数字和图像纳入网络存储空间,并通过既定的运行逻辑对数据信息进行搜集、整理、分析和研判。这种可视化的线上表达能够脱离主观意志,以一种客观、及时和相对全面的方式将原子化的个体编织进算法赋予的公共标准之下,彰显出公共治理的理性表达。另一方面,智慧化终端在大数据和人工智能的加持下,形成一种用于模仿、延伸及扩展人类智慧的理论、方法和技术,政府可以充分借鉴信息技术感知、监测、分析和整合社会运行系统中各节点的信息动态,在涉及公共安全、环境保护、市场监管和民生保障等诸多事项中,对民众的需求做出积极而精确的回应,形成横向到边、纵向到底的智慧治理终端。尤其在治理重心下移的现实情境中,基层组织行政化和社区服务内容扩大化造成社区治理体系的高负荷运转,基层工作人员疲于应付上级党委和政府部门的任务安排和考核指标,而技术理性的效率优势无疑使其对智慧社区建设愈发青睐。如杭州市萧山区等地建立起一站式电子政务平台,为社区居民提供老年人优待证、再生育证明、残疾人津贴在内的政务事项,通过电子政务系统予以及时办理并实时查看流程进度,在方便社区居民的同时极大地简化基层工作人员的工作流程。近年来的治理实践普遍将智慧化作为一种治理工具加以采纳,而某一治理工具的应用从一开始就服务于该技术自身的发展,具有强烈的专用性,随之带来高昂的逆转成本以及差异化的制度转化能力使其在治理过程中更加倾向于已有的基础支持下的治理工具,逐渐形成对技

术天然的路径依赖,技术的自我强化逻辑开始形成。从线上支付对消费者购买行为的记录,"最多跑一次"的政务流程再造到"健康码"在疫情防控中的瞩目成效,都在引导人们形成这样一种观点:人类已经全面实现对社会中个体行为的数字化转换。尤其是技术的拟人化趋势,"用数据说话"成为人们的思维惯性。然而,智慧治理过于倚赖技术的工具理性而忽视人的主体价值,过去指向"身外自然"的技术只是人体器官的延伸,而如今人工智能等指向"身体自然"的技术则呈现出对自然人体的"替代"作用。[1] 在技术赋能治理效能提升并受到广泛推崇的同时,新兴技术正在潜移默化中呈现出自我强化的倾向,算法、大数据、人工智能技术的应用不仅限制基层政府自由裁量权,也存在潜移默化地弱化一线工作人员控制权力运作过程和结果的风险。[2] 虽然新兴技术的推广能够提升治理的专业化和精准化水平,但与之相配套的制度设计,如细化考核指标、结构化文书内容等程序化治理路径,在潜移默化中剥夺了治理主体从事治理活动的灵活性和创造性。旨在增强科层组织控制力的智慧科技,反而使制度创设和机制创新主体的能动性式微,难以因地制宜地开展治理活动。新冠肺炎疫情防控期间,虽然"健康码"在某种程度上赋予个体身份认同和行动自由,然而在疫情形势最严峻的时候,新闻媒介中频频发布"寻人启事"表明智慧治理中工具理性绩效的欠缺。尽管通过大数据对交通车流量的监控和分析,能够为交管部门提前做出应对措施提供技术参考,但是疏导交通依旧需要以交警为主的人力疏导方式来承担责任。个体线下行为的主观性和随意性向人们发出警示:智慧化只能作为个体行为的补充而非替代。事实上,大数据和人工智能的优势在于机械化、重复性地处理公共行政事务,在成本和效率上具有人类不可比拟的优势。但是在常规性治理活动之外,还存在诸多非常规性治理,例如突发公共事件的应急管理等。由于非常规性事件的偶然性、突发性,相关经验往往乏善可陈,因此更需要治理主体发挥能动性,其决策过程应更多地涉及个人情感、经验和处事风格等要素。常规性的治理可以通过代码化对政务活动进行机械性的重复执行,而非常规事件的治理活动更多依赖人类自身的主动性,信息技术充其量作为对客观事件的深度描述并辅助治理主体做出决策。

智慧治理提升政府治理效能的同时导致治理主体异化,用于解决现有问题的治理工具在尚未完全实现治理目标时,又暴露出新的问题,新旧矛盾之间彼此相互交织叠加,加剧了信息时代下智慧治理的冲突和挑战。如果持有技术决定论观点的工具理性占据主导地位,主导治理行动的科层制形成对技术的过度依赖,那么技术强化逻辑将会挤占治理主体控制逻辑,使人们沦为技术的附庸,形成一个个缺乏批判反思精神的单向度个体。

① 李河:《从"代理"到"替代"的技术与正在"过时"的人类?》,《中国社会科学》,2020年第10期,第116页。

② 李晓方、王友奎、孟庆国:《政务服务智能化:典型场景、价值质询和治理回应》,《电子政务》,2020年第2期,第7页。

一旦技术本身不再是完成任务和目标的手段,而僭越为治理的主体本身,则将不可避免地导致技术权威和技术独裁,造成责任模糊和问责困难。[①] 技术本身是价值无涉的,取决于使用者的应用情境和使用目的,正确认识和处理人类与智慧科技之间的关系,是通过智慧科技将人类从机械性的劳动中解放出来,以辅助治理主体充分发挥其能动性和创造性,还是运用程序化的智慧科技强化对个体行为和偏好的控制,是智慧治理的研究者和践行者需要思考的问题。

(二)价值理性失灵:多元参与逻辑难以落地

"价值理性失灵"主要指智慧治理在实践过程中出现人文关怀缺失和治理观念异化现象,凸显出治理主体的控制逻辑与价值理念中多元参与逻辑之间的冲突。智慧治理是信息技术与治理理念的融合,作为新兴技术与治理理念的结合体,智慧治理重视政府、企业、公民和社会组织之间的良性互动,试图从技术层面再造治理结构、优化治理流程,通过信息化手段推动信息资源在不同主体之间的共享与传播,实现多元主体对公共事务的无缝隙参与、互动与合作。然而,回顾近些年地方政府开展智慧社区、智慧城市试点的关注焦点和策略选择,事关提升政府治理效率的电子政务成为政策倾斜对象,税收、公安、医疗、舆情监督、无纸化办公等受到热烈追捧,而以智慧技术畅通外部监督、强化政民互动、政社联动的相关项目明显滞后。此类问题并非个别现象,而是广泛存在的普遍性问题。目前,智慧治理存在片面强调资金投入而忽视用户体验,重视内部的硬件投入而忽略与用户连接的应用开发,重视前期建设而忽略用户互动的运行体制等负面现象[②],上述问题的暴露与现有的制度环境、治理理念密切相关。在制度环境层面,"以政府为中心"的价值导向是早期电子政务发展阶段的核心要义,强调利用信息技术提升行政业务的办事效率。尽管目前国家在部署推广智慧治理的试点工作时,有意识地将"以公民为中心"替代"以政府为中心",但是在既有的属地发包的科层压力下,地方政府同时面临治理风险的"外溢性"与实际控制权的"模糊性",因而倾向于采取避责的应对策略。[③] 政府在实现"引入智慧科技,提升治理绩效"目标的过程中,不可避免地吸纳了风险规避动机,精力有限的地方政府为追求稳妥,倾向于将注意力聚焦在适合量化的指标,对显性指标的关注大过对整体能力的习得;为最大限度地减轻自身问责压力,地方政府倾向于采取"简约治理"的方式来调和治理规模与治理能力之间的矛盾。一方面,为应对上级目标责

---

① 薛金刚、庞明礼:《"互联网+"时代的大数据治理与官僚制治理:取代、竞争还是融合?——基于嵌入性的分析框架》,《电子政务》,2020年第4期,第81—90页。

② 钟伟军:《公民即用户:政府数字化转型的逻辑、路径与反思》,《中国行政管理》,2019年第10期,第54页。

③ 李晓飞:《行政发包制下的府际联合避责:生成、类型与防治》,《中国行政管理》,2019年第10期,第95页。

任制的考核压力,基层实践中普遍存在"指尖上的形式主义"现象,基层政府将数字化应用从搭建无缝式协作治理体系异化为基于自身利益考量的政治秀场,不顾及当地实际情况以及成本—收益的反思,盲目开发大量流于形式的智能应用,不仅未能给基层公务人员减轻负担,反而增加基层公务人员工作压力,花费大量精力制作的线上平台沦为制度推广和政策宣传的渠道。大量基层公务人员忙于管理政务 App 账号、重复性地执行考勤打卡、填表和宣传下载等任务,却无法走街串巷真正服务群众。[①] 纷繁众多的 App 和公众号的背后呈现出内容空洞、应用性不足的特征,背离以公民需求为导向的初衷,智慧治理陷入"重投入而轻运营""重考核而轻赋权"的怪圈。另一方面,为降低行政成本,智慧治理平台的搭建、运维和场景开发普遍采取由政府决策运行、技术公司参与设计的模式,缺乏多元社会主体的参与,由此引发"屏幕官僚"自由裁量权的扩张。[②] 作为数字化政务系统的设计者、维护者和运行者,"屏幕官僚"凭借自身拥有的专业技巧掌握对公共资源活动及其规则的制定、修改和解释等控制性权力,实体性的人际交往行为转化为隐匿性的程序控制活动,进一步割裂了民众与应用设计者之间的互动联结,公众难以对"屏幕官僚"形成有效监督制约。在缺乏外部监督的情况下,不能排除部分屏幕官僚受利益驱使,设计出违背政策初衷的运行规则,甚至擅自隐瞒篡改不利于政策执行效果的信息,进而危害公众和社会的利益,削弱政府的公信力。以上问题的暴露,主要原因在于技术自身无法在道德上界定公众需求的正义性,忽略技术背后的伦理和价值问题的深入思考和民众权利诉求的满足,导致曾经被学术界和实务界广泛推崇的用于挽救"公众参与衰落"的互联网平台,在实际运转过程中无法发挥实质性的期望结果,导致多元参与逻辑难以落地。

近年来,国家对电子政务平台、人工智能和大数据等智慧技术的投入不断增加,但是其治理效果却未能带来实质性的改善。虽然在实现政务流程再造等方面取得可喜成果,但并未给公众带来良好的公共服务体验。研究表明,电子政务项目导致上述结果的主要原因包括设计与现实的落差、无效化项目管理以及无法满足公民作为最终用户的期望等。[③] 当前基于公共利益的参与性缺失动摇着智慧化进程的合法性和权威性,使智慧治理的价值理性在"技治主义"下扑朔迷离,亟须从公共利益角度重新审视智慧治理的现有格局和发展思路,通过建立起包容性、个性化和交互性的沟通网络来扭转智慧治理中价

① 赵玉林、任莹、周悦:《指尖上的形式主义:压力型体制下的基层数字治理——基于 30 个案例的经验分析》,《电子政务》,2020 年第 3 期,第 104 页。
② 孙卓华:《"互联网+"时代公共部门屏幕官僚建设研究》,《中国人力资源开发》,2017 年第 10 期,第 123 页。
③ S. Trimi, H. Sheng, "Emerging Trends in M-government", *Communications of the ACM*, Vol. 5 (2008), p. 6.

值理性缺失对智慧化进程的阻滞。

(三)制度理性失衡:技术强化逻辑打破原有制度逻辑平衡

"制度理性失衡"指技术强化逻辑的引入使主体控制逻辑与多元参与逻辑失去平衡,地方政府由于缺乏创新意愿而采取差异化的执行策略,导致智慧治理的执行环节缺乏统一性和稳定性。我国政府奉行目标考核责任制,通过对治理目标的层层发包和自上而下的官员任命,实现纵向维度的"行政控制"。与此同时,下级政府通过与普通民众、自治组织和市场力量进行充分互动,根据自上而下绩效压力和自下而上的信息反馈,使其政策执行方式得到民众的支持。与西方所倡导的通过公众参与改善公共决策质量不同,中国情境下的社会治理更多是以增强制度执行力为目标,通过吸纳外部力量作为政策合法性的依托,实现主体控制逻辑与多元参与逻辑的平衡。[①] 通过引入多元参与逻辑来彰显治理活动的合法性,其背后隐含了这样一种假设:政策制定者并非完全理性,需要通过林德布洛姆式的渐进决策方式,使不同利益相关者围绕政策议题展开讨论,规避政策执行的不确定性和潜在冲突。然而,在引入智慧科技后,决策主体由科层组织中的决策者转化为计算机系统,"循据治理""循数治理"凭借其清晰性、准确性、客观性和高效率优势而受到青睐,主体的异化导致通过互动反馈彰显政策合法性的意义丧失。尤其是互联网技术的发展进一步畅通了民众信息传播和交流渠道,在民意表达渠道更加多样化的同时,治理过程中多元主体联结功能的削弱,导致参与渠道多元化与政策执行程序化之间的冲突进一步加剧。

目前政府多将行政体制和运行机制的问题简化为单纯的技术问题,期待通过技术发展倒逼社会治理转型,持续不断地追求理想的社会治理状态[②],反而陷入"一叶障目"的困局。有学者分析关于大数据的政策文本后,发现我国发展信息化技术的政策条款存在联动性缺失、自由裁量权过大以及与现实情境脱节等典型问题。[③] 在框架使用方面,政府既希望通过信息化手段强化对公共事务的监督和管理,又希望通过信息化技术实现多元共治价值。然而现实情况是,信息技术部门在我国常被归类为技术支撑乃至后勤服务

---

① 王诗宗、杨帆:《基层政策执行中的调适性社会动员:行政控制与多元参与》,《中国社会科学》,2018 年第 11 期,第 155 页。

② 徐龙顺、蒋硕亮:《大数据场域中社会治理现代化:技术嵌入与价值重塑》,《甘肃行政学院学报》,2020年第 3 期,第 81—89、127 页。

③ 吴杨:《大数据政策文本与现实的偏差及完善路径研究》,《公共管理学报》,2020 年第 1 期,第 31—46、169—170 页。

部门,无法纳入当前治理结构的核心环节①,缺乏技术驱动制度变革的核心动力。国家在释放治理智慧化转型这一宏观政策信号时,缺乏具体的制度规范和行动指南,尚未形成智慧治理驱动政府组织重构、职能转变及其建构多元互动机制的具有可操作性的清晰路线图,使得宏观政策导向中内含制度张力要求,导致地方政府在承接上级政府顶层设计的实践中,缺乏深层次的制度变革和机制创新激励,而是普遍采取工具主义的技术手段消解总体结构下的变革压力。技术强化逻辑长期以来一直为科层制所倡导,诸多技术治理范式已然成为社会治理领域的改革的主导逻辑,其核心理念包括风险控制、事本主义原则以及工具主义地动员社会。② 在模糊性政策发包的影响下,不同地区在实践过程中基于不同视角来理解当地政策环境,形成具有差异化的政策执行偏好,故倾向于采取"事本主义"原则展开治理活动,在智慧治理中采纳"项目制"作为平衡既有制度安排和突破改革难点的解决方案,通过理性化行政命令克服地方的组织惰性,进而推动决策在"条块之间"的快速落实,畅通技术方案快速适配并嵌入既有的组织结构。作为一种临时性、运动式、绩效导向型的制度形态,"事本主义"取向的项目制构成目前智慧治理试点工作的主要制度结构,是兼顾规范地方政绩边界和实现上级治理目标的相对合理的制度选择,但由于缺乏提升治理能力的激励机制,在实施过程中容易出现"中央制图、地方造假"的恶性循环,造成技术强化逻辑挤出主体控制逻辑和剥夺多元参与逻辑交错的治理风险(见图 2)。该模式的滥用可能使政府丧失探索深层次改革和创新的意愿,缺乏对既有体制机制和组织结构开展系统变革的动力,在既有的制度逻辑之外产生诸多非预期性和不稳定性结果。

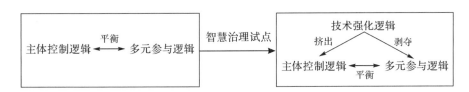

图 2　引入技术强化逻辑后新旧制度逻辑的冲突

　　总之,技术强化逻辑的引入,引发新旧制度逻辑之间的冲突:一是技术强化逻辑与治理主体的控制逻辑存在张力,目前缺乏规制技术理性越位的相关制度安排;二是传统的参与逻辑在引入技术强化逻辑后出现执行效果失灵现象,背离治理的理念初衷;三是引入技术强化逻辑后,既有制度逻辑框架中的控制逻辑和参与逻辑间平衡被打破,改革进程缺乏稳定性。鉴于平衡上述冲突的机制匮乏,当前智慧治理在实践中出现诸多异化问

　　① 黄璜:《对"数据流动"的治理——论政府数据治理的理论嬗变与框架》,《南京社会科学》,2018 年第 2 期,第 53—62 页。

　　② 黄晓春、嵇欣:《技术治理的极限及其超越》,《社会科学》,2016 年第 11 期,第 75 页。

题,偏离智慧治理依托现代信息技术提升多元主体参与治理效能,实现治理体系和治理能力现代化的既定目标和轨道。

四、重塑制度逻辑平衡:智慧治理的机制因应

智慧治理得以有效运转的前提是顶层设计与基层执行之间的适度平衡,否则将陷入"中央制图,地方造假"的恶性循环。[①] 智慧治理并非单纯的技术性问题,需要通过机制因应的方式约束技术属性,彰显公共属性以及维持二者平衡,积极回应上述制度逻辑冲突,保障智慧治理在制度理性的框架内实施推广。

(一)以伦理矫正机制彰显主体地位

尽管我国陆续颁布《促进大数据发展行动纲要》《中华人民共和国网络安全法》《新一代人工智能发展规划》等涉及大数据、人工智能领域的相关法律法规,但"其思维体系缺乏卓越的叙述手法,因此既无法提供道德支柱,也缺乏强有力的社会机制,以管制技术产生的'信息洪水'"[②]。因此,建立与之相适应的技术伦理矫正的风险控制机制尤为重要。从智慧本身的内涵来看,"智"强调理解、分析和计算等理性思维能力,"慧"则关注人类自身的情感和道德能力的表达,智慧治理本质上就包含着人类对现代科技伦理价值的反思和追求。面对政府权力与结构、人机关系与边界、社会形态与协作等不确定性风险,亟须从正义、民主等核心价值入手,推动智慧治理场域中伦理规制的系统性变革。

第一,呼吁以正义为核心价值的算法规约。信息社会中数据维度之广、数量之大、复杂程度之高,已超出人脑所能承载的范围,而不得不借助算法的加持。此类技术能力的提升,伴随着专家团队对专业知识的强势掌控,使得泰勒主义再次回归。[③] 包括屏幕官僚在内的技术专家,似乎凭借对专业知识和技能的垄断愈发提高了公民参与公共事务的门槛,在强调专业化和效率的同时损害公平和正义。基于算法的信息攫取或隐私侵蚀正在威胁人类对理论和实践的认知,其自我强化和演变已经逾越人作为主体性的权利边界这一现实,亟须通过正义价值进行方向性矫正。一是应提升算法主体的职业伦理要求。防范技术风险应该从源头入手,即对强化算法的设计者和控制者的规约。算法设计主体

---

① 张翔:《大数据治理改革的制度逻辑:基于"项目—技术"互动的视角》,《安徽师范大学学报(人文社会科学版)》,2021年第2期,第80页。

② [美]尼尔·波兹曼:《技术垄断——文明向技术投降》,蔡金栋等译,北京:机械工业出版社,2013年。

③ 赫郑飞:《人工智能时代的行政价值:变革与调适》,《中国行政管理》,2020年第3期,第20页。

有义务向公民公布技术架构与安全风险事项,算法平台应该向用户阐明该系统的设计目的、使用价值和运行规则等算法细节,使民众知晓该算法系统的应用领域和潜在风险,并开放公民对该算法的知情权和选择权。二是建立权威性的算法监管追责机构。政府应建立起行之有效的算法监管和追责机制,在厘清算法设计者、控制者和接收者责任和义务的前提下,畅通算法受害者的反映和沟通渠道,保障其合法权利受到算法侵害时获得有效救济。立法者根据人工智能技术发展的阶段性特征,结合算法监管的实际需要,将算法管理和追责的职权赋予现有的国家行政管理机关是实现算法用户权利保护和救济的有效方式。① 公众参与、追溯问责是以正义为核心价值的算法规约中的关键参数,对于构建智慧治理伦理矫正的风险控制具有重要意义。

第二,倡导以人本为核心价值的制度创设。如果说正义是作为权力指向的算法价值追求,那么人本则是作为行动指向的价值目标。目前以人工智能为主的治理手段尚不具备摆脱人类独立认知世界和改造世界的能力。智慧治理的核心要义之一是引入智慧技术提高公共服务供给水平,服务并满足人的需求。在面临地方智慧治理建设中的技术理性越位倾向,重塑人本为核心的价值取向极具现实和紧迫性。一是应坚持智慧治理过程中人的主体性地位,将人民至上的价值理念嵌入技术供给的方案设计,维持技术赋能效率提升与服务能力的有机平衡,充分挖掘公民在公共安全、医疗卫生、教育养老、交通出行等方面的体验感和获得感,并将其纳入绩效考核的参考指标。将自上而下基于科层制的政绩考核转变为自下而上基于公民体验的绩效评估,推动智慧治理技术向基层赋权,以提升整体性的治理绩效。二是为避免智慧社会下规则的代码化,在规则制定中需要为智能机器设定包括禁止性规则和限制性规则在内的元规则,其中禁止性规则是智能机器不可逾越的应用领域,而限制性规则是智能机器只能有限使用的操作场景,为人工智能设定最低的安全使用场景,即"发展人工智能的理性限度在于不应否定人类存在的能力"②。

(二)以党建引领机制推动协同参与

从宏观上看,智慧治理的本质并非单纯的技术事务,而是一项政治过程,开放性、多元性和回应性是其重要特征。与之对应的制度安排,如参与机制、协商机制等,构成智慧治理的合法性基础③。目前中国条块分割的行政体制与职责同构的府际特征导致建设分散化、应用条块化、信息割裂化和服务碎片化的现象仍较为突出,互联互通难、信息共

---

① 金梦:《立法伦理与算法正义——算法主体行为的法律规制》,《政法论坛》,2021年第1期,第37页。

② 赵汀阳:《人工智能"革命"的"近忧"和"远虑"——一种伦理学和存在论的分析》,《哲学动态》,2018年第4期,第11页。

③ 王翔:《我国电子政务的内卷化:内涵、成因及其超越》,《电子政务》,2020年第6期,第69页。

享难、业务协同难的问题仍然存在①,公共性价值难以落地,单一的行政手段难以解决此类问题,可以依赖行政体制的外部性要素引导智慧治理的整体性变革,破除由碎片化所导致的"事本主义"逻辑。一个相对可行的思路是借鉴中国特色政党制度,发挥执政党的意识形态宣传和组织动员激励优势,推动跨部门间的组织协同实现智慧治理的系统性变革。

一是通过党建引领彰显参与逻辑。治理逻辑与党建逻辑之间的天然耦合性是利用治理实践推动基层组织建设的逻辑基础。② 与科层制相比,党的组织能够深度嵌入基层社会结构,通过充分发动党员来广泛地动员群众,进而调动基层内生性的治理能力。③党员在基层社会关系网络中处于节点位置,兼具家庭成员和共产党员等多重身份。在参与治理实践的过程中,党员可以通过构建与居民之间的紧密联系彰显参与性和公共性逻辑。智慧治理主要体现在对智慧化技术的合理运用,关注治理主体对新技术的理性认知与治理对象对该技术的使用体验。近年来,面对智慧治理这一复杂性和互动性的治理事务,为有效避免科层压力传导下片面强调资金投入而轻视用户体验的治理内卷化问题,可以在社区实施党员网格化管理,每位党员定向联系规定户数的居民,密切关注其对智慧社区建设中的使用体验,积极回应居民的实际诉求。利用网格化党建下基层党员形成的熟人关系网络及其相应的群众走访制度,推动公共服务、社会服务和市场服务等资源下放到网格,实现党建引领下基层治理的全面覆盖,使党领导下的制度优势在基层中转化为治理效能。构建智慧化"党建+"与"智慧+"的双向互嵌和有机整合,推动智慧治理水平的整体提升。

二是通过党建引领破解碎片化困局。在地方治理主体多元化的背景下,党建引领无疑是凝心聚力的内在要求。④ 智慧治理试点工作涉及多部门间的统筹协调,超出单一政府部门的职能范围,且尚无相关经验可循,是一项重难点事务。针对科层体制应对困难的治理事务,可以通过党委重塑组织和整合人员配置的方式来解决,即从纵向层级上建立党组织一把手担任组长的领导小组,负责统筹开展智慧治理的试点工作,赋予其实地调研、文件起草、政策阐释和督促落实等权力。领导小组的成员由各部门抽调组成,作为对应常设职能部门的"驻组代表",负责对于常设部门间的沟通和协调工作,及时转达和执行领导小组的工作任务。领导小组办公室可通过联合发文、联合开展专项行动的方

① 杨道玲:《我国电子政务发展现状与"十三五"展望》,《电子政务》,2017 年第 3 期,第 58 页。
② 望超凡:《实践型党建:党建引领农村基层治理的实践路径》,《兰州学刊》,2021 年第 3 期,第 136—146 页。
③ 张丹丹:《统合型治理:基层党政体制的实践逻辑》,《西北农林科技大学学报(社会科学版)》,2020 年第 5 期,第 19 页。
④ 张紧跟:《党建引领:地方治理的本土经验与理论贡献》,《探索》,2021 年第 2 期,第 89 页。

式,汇聚更加丰富的组织资源来应对治理压力。[1] 如建立智慧治理领导小组吸纳网络信息领域的商业组织合作建立智慧化终端,联合民政、公安、卫生、市场监管等职能部门实现信息互通共享,打破科层制下条块分割困局,突破部门信息壁垒和条块分割困境,并充分运用政治权威和资源禀赋推动政策执行。

(三)以容错激励机制调和逻辑失衡

缘起于中国共产党革命斗争时期经验的试点工作方式,在新时代下焕发出新的生命力,被中外学者视为中国经济崛起与持续发展的关键密钥。[2] 在国家释放社会治理转型政策信号的大背景下,许多地方政府正逐步推进智慧治理的改革试点工作。区域试点的优势在于通过局部地区渐进式改革,分散整体性的改革风险。然而,试点机制得以合理运行的重要前提在于顶层设计与地方能力之间的适度平衡,由于改革往往伴随着不可预知性以及区域经济发展水平的异质性,智慧治理的应用场景和执行方式并非适用于所有地区,中央政府在设计政策方针时难以做到对地方实际情况的全面掌握,地方政府在执行上级指示的过程中难免产生偏离既定政策目标和策略的行动结果。就试点地区的政府而言,智慧治理既可能是高效的政绩产出,也可能转化为政绩风险,这也就可以解释地方政府为何偏好"事本主义"的工具理性而导致价值理性难以落地。从这个角度看,智慧治理的试点机制不能单从刺激政绩生产的角度进行考量,而应该强化在实践环节出现非预期性结果容纳与调试,即完善在智慧治理试点过程中的容错激励机制,最终形成完整具有普遍性的宏观—微观话语体系。

问责机制是现代政治生活中公共权力规范化运行的制度保障。强有力的问责固然重要,但是科学合理的容错纠错是激发地方政府潜能的重要手段。全面推行大数据、人工智能赋能社会治理转型存在难度,但是局部性、阶段性执行仍然可能。公共政策是一项包含议程设置、前期调研、政策制定和政策执行的复杂系统工程,前期调研是嫁接公共政策制定和实施的关键环节,一般情况下是上级政府通过集中调研后将行政指令通过层层发包的形式下达各地区,将总体目标和指标体系下发至地方政府。未来智慧治理试点可以采取从纵向"府际发包"转向双向"沟通协调"的方式,为地方政府因地制宜创新治理手段预留空间。首先,上级政府负责释放宏观政策信号,将具体目标下的拟定计划工作交由地方政府,由地方政府根据自身条件合理配置政策目标与执行能力的权重配比,对

---

① 周望:《办事机构如何办事?——对领导小组办公室的一项整体分析》,《北京行政学院学报》,2020 年第 1 期,第 49 页。

② 陈朋:《容错机制何以发挥激励效能?——基于多政策文本及其实践应用的实证分析》,《中共中央党校(国家行政学院)学报》,2021 年第 2 期,第 118—126 页。

多元政策目标进行重新排序,保证重要目标的先行执行,再由上级政府进行核验,例如经济欠发达地区在制定政策目标时将技术赋能脱贫攻坚、安全生产和营商环境等作为优先考虑事项,而经济发达地区主要将简化政务流程、智慧交通出行、社区多元共治作为重点领域。其次,为了便于调整既定方案,保证改革过程的渐进性和连续性,地方政府可以根据权重配比分阶段实施总体规划目标,将不同领域的工作任务分阶段完成,并制定不同阶段的预期目标,例如将信息平台搭建、专业人员培训、局部应用试点等环节区分开来,对于不同时期内改革任务的效果进行阶段性评估,再执行下一阶段的任务。最后,地方政府从启动、审查、认定和反馈四个环节执行容错纠错程序,下级政府通过阶段性汇报的方式向上级政府呈现改革成果,及时反映改革过程中的阻力并提出优化策略,对于自身改革过程中的进展和不足进行客观定位。上级政府亦通过科学的操作程序"局部认可"地方政府的阶段性成果,并吸纳第三方评估参与审查工作,经集体研究讨论后做出调查决定,敦促其按要求调整下一步改革重点和方向。面对改革攻坚期集成改革的复杂性、系统性和多目标性,完善区域试点的容错激励机制,是赋予地方政府在改革创新中一定的自由发挥空间,保证领导干部在容错边界范围内卸下思想包袱、积极担当作为的重要保障,有助于推动智慧治理的高质量发展。

五、结语

近年来,智慧治理的推广无疑是人类智识水平逐步提升、科技创新能力突飞猛进的必然结果,亦被视作推进治理体系和治理能力现代化的应然选择。把握智慧治理运行的内在逻辑,是精准识别治理风险,保障治理转型这一目标实现的重要前提。智慧治理的制度变迁是一个复杂的政治化过程,并非单纯的技术赋能治理改革的线性逻辑,亦非科层组织对技术赋权的被动回应。本文通过多重制度逻辑框架识别智慧治理的执行冲突,探讨多重制度逻辑视角下智慧治理的因应机制,塑造体制改革与制度变迁的动态调适过程。事实证明,我国的行政体制具有强大的制度再生产能力,善于通过多元化的因应机制实现对治理工具的柔性约束,该机制的自我调适蕴积着巨大的改革动力与潜能,有助于确保改革进程中制度生发环境的持续性和稳定性。未来中国治理改革的理论叙事应跳出制度刚性压缩治理空间这一理解,更加关注本土多元化的制度生发环境,进一步探索行动者管理制度逻辑冲突的策略选择和因应机制。

西方伦理思想与现代文明

● 虚无的起源——萨特存在主义价值
观片段

● 休谟与美德

虚无的起源

——萨特存在主义价值观片段

尚　杰*

　　萨特像海德格尔一样，首先提出存在问题，但风格不是德国式的，萨特并没有深究存在与存在者的区别，因为这学究气太浓，尽管尽显哲学天赋。萨特的风格是法国式的，他直接把存在与人的行为联系起来。在询问人的行为时，将人的具体生存状态与黑格尔的"否定"概念加以区分，人活着，如此而已。但人不能像动物一样活着，人要活出精神首先就要去创造。让自然世界或者生活世界出点儿事，这就得暂时搁置自然状态。在这种状态下，人的存在与虚无是一回事——这只是胡塞尔现象学还原的某种派生说法。紧接着，萨特又从"意向性"概念派生人的行为，但他的说法具有独创性："虚无应该以某种方式被给予。"①

　　词语之所以无法真正接近和替换事物，是因为无论多么具体的词语，就像"这个树根是黑的"，它仍旧是抽象的，而事物本身却是具体的。但是，荒谬性就在于，人已经离不开词语，我们仍旧得依靠词语描述，而词语是不中用的。这种非词语的词语，或者说词语的虚无化，就是写作的艺术，一方面它似乎使词语变成了物，就像萨特对"黑树根"的描述，具有思想的诗意。另一方面这种词语的虚无化使同一句话的意思不是单一的，它同时含有好几个意思，就如在下笔时想到了很多却只能写出一句话。萨特曾经举过一个例子，司汤达在《红与黑》中写道："只要还望得见维立叶尔城教堂的钟楼，于连总不断地回过头去看"，他在简单地告诉我们他的人物在做什么的同时，也把于连感受到的、德-瑞那夫人感受到的，等等，都告诉我们了。②

　　以上使用句子的方法，揭示出有才华的写作，就是使词语处于飘起来的、摇摆不定的危急状态，它很像是以上描述的特殊景象。它之所以特殊，就在于即将发生或者连接起另一种突兀的情景，很像是精神镜头的转换。

　　词语的危急状态，虚无"虚无"着，但这意味着存在正在发生，而这些莫须有的存在是被我们创造出来的，我们呼吸自己亲手制造的"新鲜空气"，亲自体验，这非常好！

---

* 作者简介：尚杰，哲学博士，中国社会科学院哲学研究所研究员。

① J.-P. Satre, *L'être et le néant*, Paris: Gallimard, 1943.

② 沈志明：《萨特精选集》，北京：北京燕山出版社，2005年。

以某种方式(某种意向方向)把存在变"没有了",但这并非真的没有,因为从没有之中滋生出某一种"虚无"的思想感情味道,只有"虚无"被我们说出来,"虚无"就在被表达的语境中以某种方式存在着。"虚无"挺着胸、抬着头,毫不含糊,因为我们实实在在地触摸到它了。在这个关键时刻,智力暂时退居幕后深刻的生存印象从物性之中跑出来,它一时吓到我们了,它脱离了事物之间的因果关系链,摆脱了命运。

萨特写道:"人是这样的存在,通过人,虚无降临于世界。"①这句话可以理解为:人是作为这样一种特殊生命降临到宇宙之中的,这是一种特殊景象,从此地球或者自然界,被称为世界。与其说人是被造物主创造出来的,不如说人之所以为人,就意味着创造。"创造"这个词已经被我们说滥了,存在主义给它一种特殊景象。什么景象呢? 体会某一件事情,即使它是颠扑不破的宇宙真理,比如人必死无疑。第一个知道自己会死的人,一定感到无比震惊,并由此诞生了哲学。但这件终极的事情被无数曾经的、现在的,还未来的人类一次又一次想到、说到,尽管在灵魂上无论怎么想都想不明白,但它已经被人们说滥了、想滥了,结果怎么样呢? 就是人会感到厌倦,不想再继续想下去了,反正都得死,再怎么想也不会改变这一事实。此刻滋生的厌倦感似乎是从虚无之中冒出来的,它具有一种稀奇古怪的纯粹思想感情的力量,萨特先把它说成忧郁,后来又称作恶心——这种身心一体的特殊景象,被萨特说成存在,这是"存在"这个概念的非常规用法。

"无用的"应该被加上现象学的括号,哲学问题都是"无用的",似乎是从虚无中冒出来的,它有莫名其妙的精神力量,而且就在日常生活之中。例如人会厌倦,而厌倦是一种变形的激情,它伤及灵魂。于是,改变自己心情的时刻到来了。

无论康德还是黑格尔的哲学,从来不讨论"厌倦"。换句话说,他们认为个人情绪在哲学中没有地位。在他们的思想体系中,"人"只是一个抽象的概念,而不是活生生的、有血肉之躯的人。现在萨特说,哲学讨论的存在,应该还原为人的存在。人会厌倦,就像胆囊会自动分解出胆汁。厌倦绝不仅仅是一个"自在之物"那样的纯粹观念,而是智力自身没有能力化解掉的感情问题。与厌倦相比,"知道"还只是浮在精神的表层。

于是,古老的"自由意志"概念,脱离了德国古典哲学的轨道,"自由"不再是可以理解的,不再有透明的、实心的自由。"自由"不再只是一个词语,因为现在萨特说,人会厌倦表明人是自由的,而人就是自由,人是一种无用的激情。

现在萨特要回答的问题是:如果虚无以自由的方式降临生活世界,那么所谓人的自由意味着什么呢? 说人是自由的,就是说人的状态能突如其来地从虚无之中显示出来,它与偶然性有密切关系,就像我今天碰上了一件新鲜事,但我若今天不出门就碰不上,而

---

① J.-P. Satre, *L'être et le néant*, Paris: Gallimard, 1943.

若不是一个朋友早上打电话来约我,我就不会去那个场所,而当时我的手机若是处于关闭状态,我就不可能接到朋友的电话,如此等等。正是这样的衔接,构成了我的个人历史,它是整个人类历史的一种胚胎形态。

在萨特看来,自由是一种心灵的状态,尽管表面上自由莫须有,也就是没有,因为乍看起来,似乎一切都按照必然性日复一日地旋转,人在生活中将要经历的一切似乎都早已经在天上写好了,这就是亘古不变的命运,但这只是没有出息的一种偷懒的说法,它为我们的无所作为提供借口。如上所述,人不是机器的证明,在于人会厌倦。厌倦感是从人的心情中自动分泌出来的,此刻我对周围的人说"别理我,让我一个人待会儿",在这自由的独处时光里,我诞生了真正属于我自己的思想,这使我非常惊讶,它表明厌倦是一个好东西,因为它导致独处或者孤独,而思想是一种孤独的行为。

说厌倦感是一个好东西,等于说虚无是个好东西,因为人就是虚无,只有人会有自主的厌倦感。这里不是说动物没有厌倦感,而是说厌倦感在人身上的后果远比动物严重,我是说人从精神危机与创伤之中更新了自己的文明形态,比如孤独寂寞的萨特在咖啡馆里奋笔疾书,写下《存在与虚无》,而这种行为深刻地揭示了他是自由的。每个人都可以把自己看成一个潜在的萨特,人类是自由的。为什么感到厌倦呢?因为虚无"虚无"着,这只是自由的换一种说法而已。

萨特继续写道:"人的自由先于人的本质,使人的本质得以可能的,正在于人是自由的。人的本质冻结在人的自由之中。人是存在的,这只意味着人是自由的。"[1]这句话可以简化为:本质是一个概念,而自由不仅仅是概念,自由是一种无法定性的情绪,例如厌倦感,它先于道德、它创造道理。自由,就是人身上的光明。

哲学如何能让人想明白一点儿呢?哲学如何能治愈心病呢?笛卡尔最先提出了类似胡塞尔现象学还原的方法,就是说搁置判断,搁置所面对的事情"是什么"或"不是什么",因为这是一种理论态度,它天然就是抽象的,它以立场与推论,切割具体的事实,就像从外部粗暴地给事物贴标签,它用整体取代局部。局部的细节可以描述却无法判断。

搁置一切判断——只有疯狂的人才会想得这么决绝。原创性的哲学家,都是内心疯狂之人,尽管看起来温文尔雅。疯狂就是去体验某种极限感受,顺便推进人类的精神文明。"搁置一切判断"的情形,使自己处于无根据状态,它不再有"因为",与其说这意味着自由,不如说是随意,但这随意却意味着此刻我什么意向都没有,我甚至对自由和"随意"都感到厌倦了。但是"厌倦"只是心态而不可以呈现为词语,只要我说出或写出"厌倦",厌倦感就可能消失。

---

① J.-P. Satre, *L'être et le néant*, Paris: Gallimard, 1943.

"搁置一切判断"仍旧是一句哲学的表达,具有思路或方法的意味,我宁可把它类比为数学上的"0",也不会类比为中国道家和禅宗的"无"或者"虚无",因为"0"完全是另一种思想轨道,它并不意味着什么都没有,它占据着一个位置,就像不在场的彼埃尔现在占据着我的思想,而只有当他不在现场的情况下,我才深刻感到自己是多么思念他。这种思念就像这个"0"蓄势待发,如果与"1"相遇,"0"就变成了"10",因此"0"所占据或者暂居的空位是有内容的,根本就不是一无所有。

房间里没有人,但书桌上有一本打开的书,书页上画着道道,一支铅笔在两页之间,书的旁边有一杯红茶还冒着热气,与书的香味一道洒满整个房间。这些物件是连在一起的,它们已经脱离自身,从别一物件或者周围环境中创造出自身新的含义,此刻缺失的读书主人把自己的痕迹、印象,留在了无人在场的书房里——此情此景不是空而是满,因为心是满的,就像当一个人对你说他现在很失落,其实他的心现在是满的,满得似乎"什么都没有",它渐渐地复兴了某种说不清道不明的伤感调调,这种情景绝对不等同于什么都没有。它们也不是纯粹主观的,周围的环境和人对我们形成某种刺激,而我的心思不再是我的,它可能在一株水仙花那里,它在哪儿开花,我不知道。环境影响人的心情,就像谈话的场所本身,其实已经在参与谈话。

不在场的思念,胡塞尔说是"空的意向",它是感受构成不可分割的一部分。空的感受也是感受,就像什么都没有想,其实也是一种想。但它们属于感受或者想的特殊情景。"特殊"指打破了习惯,从习惯中突显出来,它同时是心理危机与拯救,因为我们搁置了判断,创造了一个属于自己的关键时刻。

不在场的思念,真实的生活在别处,这是自发的,我无法控制。萨特写道:"为了思考得以进行,我的'意识'的连续性必须持久地与由于某种原因而导致的效果脱离关系,因为虚无化的过程只需要从自身获取来源。"①我当下的内心自发性绵延不断,但这所谓"不断"是分岔的,它不会像一架记忆机器那样按照事件真实发生的顺序安排记忆的过程,而是会把发生在不同时刻的情景连接起来,就像一部电影是由不同的镜头情景衔接而成的。当然,一个人自己的"心理电影"无需导演,它自动便会上演,这些内部影像没有观众,只有自己看得见。这种私密的体验给予人最后的自由,没人能抢走它,其中的欢乐与痛苦都是独享的。

由上可知,心理活动的特点绝非仅仅是意向性,另一个特点同样重要,就是当人在想心事的时候,区分不出事情出现的先后,忽视事情之间的因果关系,甚至在入神的情形下,区分不出大事情与小事情,心情会被毫无价值的情景吸引过去,而且一个人会从哪种

---

① J.-P. Satre, *L'être et le néant*, Paris: Gallimard, 1943.

情形中获得鼓舞,也是因人而异、千姿百态的。因此,我们喜欢甚至沉醉于百思不得其解的状态,这莫名其妙很有艺术感且是道德的,它显示此刻人逃离了因果律而获得了奢侈的自由,而人就是如此无用的激情,此刻我们就在它的里面,我们所感受到的事物印象就是它的本质。

心理活动的特殊情景还在于它孤独活动着。即使是在与人交往和交谈过程中,你的语调、表情、身体的姿势是这样的或那样的,它们是你内心活动的外部表现,无法掩饰,也无人教你,你天然就是那个样子的,甚至与此刻你周围是否有别人在场,也毫无关系。似乎某一种坐着的姿态,也能形成某种特定的心思。这是真的,就像思想会晕乎乎地从香烟的圈圈里冒出来,而在厌倦时笔下冒出来的文字就像是一具又一具僵尸,没有精气神。

我的思想就在我的表情里面,当我专注于思想的特殊情形时,根本就不会注意到我是什么表情,这使得我的表情十分真实,而只要我把注意力转移到表情,就可能会不自觉地进入扮演状态。

自由不是意识,不是关于自由的意识。"在自由之中,人是虚无化的切己的过去(如同也是切己的未来)。"[1]虚无不是什么都没有,而只是意味着要发生什么,永远是不确定的,过去、现在、将来,都是如此,因此人才会焦虑。但是与此同时,这等于给人以各种各样的选择机会,换句话说,人要永远保持自己的新鲜状态,也就是虚无,这很难,萨特的《存在与虚无》试图体验这种状态——把现在与过去做一种切割,这也是胡塞尔现象学还原在时间上的还原。萨特只是进一步说,被加上括号(搁置)的"事物"(人)即现象学所谓"返回事物本身"(尼采所谓"面对一个原样的世界"),相当于虚无的状态(蓄势待发)。就像罗兰-巴特说的"写作的零度",这是一种困难的自由,自由从来都是困难的。创造一种新意义是困难的,此刻不是语言在先,而是先存在还没有名字的感受。当我们用语言说出这些莫名其妙的体验时,就会结结巴巴地从事实验性的写作,甚至创造某种新的语言表达方式,形成自己的写作风格。

以上,与意识做了切割,还没有名字的感受,就像萨特在小说《恶心》中所描写的,好像是黏糊糊的没有固定形状的心理状态。他写道:"现在我不为任何人思考,我甚至无意寻找字词。字词在我身上流动,或快或慢,我不使之固定,而是听之任之。在大多数情况下,我的思想模糊不清,因为它未被字词拴住。思想呈现出含混可笑的形式,沉没了,立即被我忘得一干二净。"[2]这不是意识,但它却是经典的现象学描述的范例,它既是文学

① J.-P. Satre, *L'être et le néant*, Paris: Gallimard, 1943.
② 沈志明:《萨特精选集》,北京:北京燕山出版社,2005年。

的也是哲学的,以孤独或独白的方式流淌出来,呈现原样的思想形态。萨特把这种状态用哲学语言描述出来,几乎与小说殊途同归:"在这种绝对清晰的内核中重新引入了晦暗。"①这是对胡塞尔现象学还原的文学表述,也就是我们中国人说的"灯下黑"。"绝对清晰的内核"指意识之光(现象学的意向性却是被遮蔽了的"意识之光",是"灯下黑")、笛卡尔所谓"清楚明白的观念",但此情此景不过相当于一个已经完成的命题"我思故我在",它的原始形态却是没有固定形状的心理状态,甚至很疯狂。萨特在《恶心》的那段话就很疯狂,如同笛卡尔在寻找哲学出发点时想象"自己的身体是玻璃做的"一样疯狂。现象学还原与笛卡尔的"我思故我在"的本质区别,在于胡塞尔返回虚无状态、原始状态、"灯下黑"状态,现象学搁置或者无视一切间接性的反思告诉我们的真理,包括笛卡尔的"我思故我在"。现象学所谓"虚无"不是对于"存在"的否定,现象学还原不纳入传统逻辑的规则轨道。在萨特发展的现象学中,虚无就是存在,反之亦然,有必要用两个词,表示同一种精神状态,因为这能深化哲学思考,因为在传统上虚无与存在是对立关系,两者分别被给予已经被完成了的意思。而当萨特说虚无就是存在时,指具体的虚无,也就是"灯下黑",它们的含义正在"蠢蠢欲动",有待显示出来,但是并没有完成。

为什么说自由是困难的? 因为"只有在焦虑之中,我们才会感到自己是自由的。存在的意识就是焦虑,而焦虑就是自由存在的方式。"②与其说焦虑是对某对象的困惑,不如说此刻对象为空。什么对象都没有,焦虑源自并且返回莫须有。与其说焦虑是一种疑难状态,不如说焦虑自身就是疑难本身。

克尔凯郭尔曾经描写过人面对自由时的焦虑不安,这影响过海德格尔,他说焦虑就是想捕捉虚无。这和人是面对死亡的存在,意思差不多,但不是狭义上的,因为日常生活中到处充满焦虑感,就像在瘟疫流行时人们被迫待在家中几个月无所事事,不是完全无事可做,而是无心做事,心情变得空荡荡的,时间在流逝而手头却并没有被具体事情所占据,而人却习惯性地想拥有某种内容,这种疑难状态就是焦虑。

焦虑、虚无、自由、莫须有、存在、死亡、时间——这些词语的精神连线,从哲学中分出一条岔路,因为以往哲学家在讨论存在与时间的时候,没有朝这个方向想问题。它们是"灯下黑",是"划过光明的黑暗",是无底深渊。但是,有生活阅历的人都知道,有不同的焦虑(虚无、深渊),它们混杂在一起缠绕着以毒攻毒,似乎此刻生活世界毫无变化,但是某个人在这些自我较劲过程中已经痛苦(或者快活)得要死了。这不是心理学能解决的问题,而是关于心情的哲学问题,例如绝望。

---

① J.-P. Satre, *L'être et le néant*, Paris: Gallimard, 1943.
② J.-P. Satre, *L'être et le néant*, Paris: Gallimard, 1943.

克尔凯郭尔区分了害怕与焦虑。害怕,是人们在与生活世界的事情打交道的过程中产生的,例如,赶着钟点去上班,怕迟到了。由这种害怕产生的焦虑感,并不具有哲学意义,因为如果我们突然找到一种非常便捷的交通工具可以保证上班不迟到的话,它们可以被化解掉。但是,有一种焦虑是返回自身的,这时人想到自己,感到某种没有具体原因的恐惧,它与以上有原因的害怕区别开了。如果人恐惧自己的死亡,这种深度焦虑或者说绝望,用萨特的话说,就是"一种无用的激情",它能对心灵产生强烈的震撼效果,在于这是一个人生路途中会被反复想到但是却没有答案或者死胡同里的问题,它是一个哲学疑难,它是一个空的意象。它没有内容,但是却不等同于什么都没有。它是某种具体的虚无感受。它使人眩晕,从中冒出某种莫名其妙的光晕。这光晕却对人产生莫须有的心灵慰藉,它使我们飘起来了。这种神秘感忘记了它原来的初衷在于自己想到死亡而产生的恐惧,如此等等。还可以无穷尽地想下去,进入普鲁斯特式的心理情结。

那么,以上的情形超越了海德格尔所谓"人是面对死亡的存在",因为它竟然导致人忘记了自己的死亡。此刻,人会死这件事不再是什么人生大事,因为对于一个无法区分大事情与小事情的人来说,人必死无疑这件事,此刻未必比我想看一场精彩的篮球赛更有意义,而我对于老想着自己会死而感到绝望的情形,感到厌烦透了,因而去看了篮球赛,这相当于我遭遇了一场奇遇,制造了一个特殊情景,因为显然不是每个人都会有我这样的自然联想,并且把它写出来,于是在此时此刻,我超越了我自己。

再思考一下我是如何超越自我的? 竟然来自我的胡搅蛮缠,我对于没有能力解决的心灵问题干脆不解决,用火辣辣的眼睛盯着它,看它到底能把我怎么样,谁先眨眼睛谁算输,结果它耐不住寂寞先眨眼睛,向我投来某一种古怪的微笑,它输了。于是,我怀着愉快的心情去看篮球赛的直播,这个极快的心理活动过程不可能是有人教会我的,它是自动从我的身体里分泌出来的。

上述情形,揭示了现象学的自由想象力:搁置或者还原绝不是一次行为,它们可以反复进行。某一种极端情绪中,会冒出拐弯的心情,而这两种心态之间,似乎毫无关系,它们能建立起某种关系,完全取决于想到它的是这个人而不是那个人,即世界的意义因人而异。同样一个人在不同时刻不像他(她)自己,这使得一个写"焦虑"的人其实是一个乐观主义者。这就像我们怕死,但就如伊壁鸠鲁说的,"我在,死就不在。死在,我就不在",因此死亡对人并不存在,那么人怕死的真实情形,是人对怕死的"怕"感到害怕,因为所谓"死",用胡塞尔的说法,不过是一个"空的意向"。于是,只剩下孤零零的害怕本身。我们会说,怕死的真谛,在死所不在的地方,这个地方永远不会出现或者我们永远等不来它,但它如果不来,我们的心思就会永远笼罩着古怪而尖锐的气氛。与其说它被给予我们,不如说我们给予自己,我们此刻不用"等待戈多"那种荒诞轻易打发这种情绪,而是用积极的意味深长的态度咀嚼它。坐在电脑前把这种感受从键盘里"敲出来",就能使它变形,供自己欣赏,从而实现了自我超越。

那么,萨特的生存哲学,还在于自我制造某种心理环境的能力,它不同于心理医学,而是哲学或者现象学。用萨特一套书的名字来描述,叫做《境遇种种》。如果我们面对生活世界的某种境遇产生了一种习惯性的自然反应,这种态度还不是哲学意义上的。哲学对心理实施了"心理手术"或者叫做施加了艺术性的精神魔法。心理环境不再是原样的自然环境,心情变形了,产生了从前不曾有过的鼓舞,精神获得了升华。

焦虑不是观念,这就是存在主义与传统哲学的区别,焦虑必须连带着身体神经,它是如此这般的亲自性,此刻我感到头晕。当焦虑的情绪感染别人,虽然与观念交流有所不同,但只有焦虑者本人体验最深,那是只属于自己的特殊情景——仿佛我单独一个人站在悬崖边上,此刻我的表情不能叫害怕和绝望,而是眩晕。这种死亡的危险,我可能不加小心,就会失足跌落到无底深渊。在这个特殊情景中,我不再是我,我成为一样东西,这种可怕的可能性从外面袭击了我,那跌在山谷面目全非的死尸就是我。于是,我没有了,我成为世界上的一样东西,人们就像搬家具一样,把我搬来搬去。我不再是自由的了,不再能左右自己的可能性——此刻,我突然苏醒过来,仿佛刚才做了一场噩梦。我还在悬崖边上站着,世界上一切都没有改变,可我内心已经历过天翻地覆。此刻我感到恐惧,害怕丧失自由,没有了自主选择自己命运的机会,不再有机会赌一把自己前途的各种可能性,刚才那悲剧性的幻觉一幕,我变成了一件物。

当我丧失了自主选择的可能性,我就成为一样东西、一个物、一个奴仆、一个活死人——如果我不对这样的情景感到害怕,甚至甘愿成为任人操纵的木偶,我就算是彻底没救了。我宁可不屈服如此悲惨的命运,宁可活得心惊肉跳,宁可活在害怕之中,我总有机会写下进而转移我的害怕情绪。这就是写作的艺术,它是一种精神的魔力,投射出我的其他可能性。既然我不可能事先知道谁会读到我的这些文字以及会有怎样的反应,比如让某个读者感到恶心,这也比我成为山脚下的一块石头要好,因为我使一个人生气,会暂时转移他的注意力,而他刚才可能在生一个更大的气。于是,他把那个更大的气忘记了,这相当于我做了一件善事,我付出的代价很小,不过是人家说我写得不好。

我有写得不好的可能性,我可以选择跳下或者不跳下山崖。总之只要我活着总得做点事,我自己决定事情的大小。比如我刚才接了一个电话,能让我高兴一整天,其实这个电话根本就不会影响到世界变化,世界该是啥样还是啥样,是我的心理环境变了。人与世界之间,是一种陌生的关系,我的心态决定着世界是美丽的还是丑陋的,而我心态的变化往往只取决于一句话、某一种腔调,它是怎么被说出来的?是陈述句还是感叹句?如此等等。生活是多么有趣而奇妙啊!它是值得过的。

如果我只不过是世界上的某样东西,就会没有选择地服从万有引力。但我绝非石头那样的东西,我的自由意志不服从万有引力。于是我想,如果一块石头拥有自由意志,也不会心甘情愿受重力加速度的控制。石头心想,自己可以歇口气,别着急在地球上撞出一个坑,它想着不选择落在荒无人烟的地方,它喜欢落在能被人看见的地方,那样就有可能被某个小孩子捡到,装进裤兜里,于是就有机会满世界去旅行了。

我不想成为世界上随便一样什么东西,即使一块石头,只要有可能它都不会这样想。如何区别人与东西呢?很简单,人不是个东西——这个表达在汉语中立刻产生歧义,它似乎在骂人,但在哲学写作里用的是中性语言。人不是东西的标志,在于任何一个人都不可能完全听凭他人使唤,就像一件家具那样被搬来搬去。还有更重要的区别,东西本身并不创造情景,荒野里生长着一株郁金香,但这与我毫无关系,是人觉得它有自然美。换句话说,只要人自作多情,就会觉得自己盯住的任何事物都是美的。此刻,人把心情或者感情融入其中,那里有自己所缺失的,这就创造了属于自己的特殊情景,这境遇是艺术。野外的郁金香没这个能力,没有人的参与,它就不是一道美丽的风景。

于是我们说,人不是个东西,在于人有注意力(意向性),而东西没有。这意向会化成一种倔强的意志,不让别人随意摆布自己。我左看看,右看看,把心思放置在某个情景上,置换成味觉也是可以的,饥渴时的一口热汤会浮现出有一天在二层酒楼焦急地等着彼埃尔,他终于来了,急匆匆的样子,我目不转睛地看着他,感到心都碎了,热汤穿越酒楼到了彼埃尔那里,而此刻他并不在我这里,是我的心理环境创造出的一个真实景象,就像贝克莱说的,"存在就是被感知",我被它感动了。问题的关键不仅在于我能想到它,更在于想是一种行为,它没有对我说谎的标志是我在动心,一种陌生的原因也是原因,更能使我觉得它美。

我感受自己所创造出来的景象,所谓想,就是别有所想——既然我不准备在悬崖边上飞身一跃跳下。"别有所想"延伸了"存在就是被感知"的可能性,使感知容纳了更多的内容,而不仅仅局限于当下所见所感。如果"应该"的逻辑形成一个习惯性思维的圈子,那么它此刻只不过是"别有所想"的一个视而不见充耳不闻的背景材料。

我搬出来住了,躲开了庸俗的场所,别有所想,就是去历险,去那"不应该去"的地方,说那"不应该说"的话,想那"不应该想"的事,制造那"不应该发生"的事件——所有这些,原本都在世界上不存在,它们是虚无,但只要我朝着以上各种"不应该"迈出哪怕只是一步,它们就从虚无中冒出来了。

所有已知的原因都无法解释突然冒出来的严重事件,它极其危险、有真实的恐怖气氛,无法预见和控制,可以是外部世界的恐怖,但可能也有例外的人,他(她)自身的另外一种心情比真实的战争更为严重,以至于快乐和痛苦已经与战争没有关系,这就是萨特所揭示的存在主义哲学情景,他(她)没有群体的重要性,他只是一介个体,同样可以为人类精神文明做出巨大贡献。萨特的《存在与虚无》,就是在全欧洲都弥漫着纳粹主义的恐怖背景下写作出版的。在这种环境下,存在主义哲学是突然冒出来的一个严重的思想事件。

世界上一个原本不存在的念头,由于被我想到而存在,我成为此在的源泉,如果我足够心细,就会发现我能改变别人的世界,我盯着一个人看,我把某种虚无变成了存在,此刻不可能变成了可能,遇不见的遇见变成了"遇见中的遇见"。什么叫"遇见中的遇见"呢? 因为在绝大多数情况下,我看见了等于没看见,我视而不见。我听见了等于没听见,我充耳不闻。但是有一天,我的注意力不再是胡塞尔所谓"空的意向",它停顿下来,似乎目光将时光也暂时冻结在同一个立体空间之中,这就叫做"遇见中的遇见"。我想将它留住,而在这个过程中无论世界上发生什么其他重大的事情,其实都已经无所谓了,因为世界上只有一个又一个活生生的具体的人。一般的人,或者人的一般情况,是不存在的,或者说并不代表真相,这些所谓"一般"都是不着边际的胡扯。"遇见中的遇见"只对我存在,而我只是一介个体,这样的体验使我感动,十分真实。

"遇见中的遇见"使我既兴奋又焦虑,我只有在明了因果关系的情况下,焦虑感才会减轻,就像我在看电视回放的某场球赛的实况录像时已经知道了比赛的输赢。焦虑感来自没有根据的兴奋。如果我有遏制这种兴奋的能力,那么焦虑感就会消失。如果兴奋无法遏制而实在情景消失,这种失落感就会变成挥之不去的若有所思,这是一种无法落实的热情,胡塞尔说的"空的意向",萨特说的"无用的激情"——期盼的或要来的是否能来,我无从知道,但这才是真实的生活,我就在其中存在。

我就在其中存在,"其中"是我以上反复强调的特殊情景,如果它来自外界的人与事,我得有能力捕捉其中的关键点。如果它是我内心突然萌发的某个念头,我得有能力让它甜蜜地飘起来,我宁可"醉着"而不要清醒。这两种情形都是我真实的生活,它们严重脱离实际,而我不知道如何去过"不脱离实际"的生活。

萨特继续写道:"确切地说,我焦虑,是由于我的行为只是可能的……"①换句话说,我的焦虑在于未来是不确定的,我不知道将要发生什么,我既可以这样也可以那样选择,或者我干脆什么都不选择,但这并不能使我心安理得。这使我苦恼的情形恰恰表明了人存在的本质,即人是自由的。如果我逃避自主选择的权利任凭他人操控,或者听天由命,我就不再是自由的了。这是道德上的两难境地:如果我两眼一闭当一个彻底空心的人,可以像一头快乐的小猪一样在舒服中"舒服着",但是这种情形的前提是我没心没肺,如

---

① J.-P. Satre, *L'être et le néant*, Paris: Gallimard, 1943.

果我已经知道人就是自由，又知道我坚持自由的话，今后的生活都成问题，就会陷入深深的焦虑之中。我该怎么办呢？我的精神在分裂，我真实地生活在别处，而我不得不像所有人一样，忍受残酷的现实生活。

于是，我时常头晕，不是哈姆雷特的"活着，还是不活"，我和多数人一样，都没有激进到这个地步，但另有一种激进萦绕在我的耳畔"较真儿，还是苟活"。我讨厌苟活，就得把自己逼迫到悬崖边上，而且在那里跳舞快活。我常常是独舞，没有观众，因为多数人不愿意患上眩晕症，可若不望断崖，进不去无底深渊，就丧失了危险的沉醉良机，而过着俗套的程序化生活。

只有走出俗套，捕捉关键时刻，才有特殊景象，就像我从100层的高楼上往下望，此刻我顾不上所拥有的是恐惧还是关于恐惧的意识。意识消失了，只残留下恐惧。意识是清楚明白的，而恐惧不是，恐惧来自这样的不可能性，但在心理上我却受到极大诱惑，它使我十分震撼。我只有一次机会从100层高楼往下跳，因为这个结果就是我必死无疑。一个特殊的"唯一"，它是我自主选择的，而此时此刻，我什么伤心事都没有。换句话说，当我如此死后，人们关于我的死因的所有判断都是一个误判，因为没有人会想到它是一个无动机行为，这使我在这个瞬间变得非常强大。人们从此怕我，是因为永远不知道我到底在想什么。这一事实让我感到孤单与悲伤。

无动机行为，就是说行为没有听从内心呼唤，此刻人没有了自我，似乎奋不顾身的行为来自某种神的意向，它来自莫须有的神的动机，而不是人的动机。这动机不报复人，因为所有人都值得可怜。神不恨人，神爱人。无动机行为属于神，因此在精神上无比强大，其强大的程度，可以和人会厌倦相提并论，因为厌倦感就是无动机行为的一个有趣例证。人会对原本应该感兴趣的事情突然觉得无趣，但是反方向的心情同样存在着，就是被索然无味的甚至恐怖的场面吸引过去，这两种情形，都属于存在主义哲学，这种哲学情景总是特殊的，不属于一般情况。

厌倦感属于神的行为——神会，它超越了不确定性。换句话说，它不再感到害怕，它是无所畏惧的无动机行为，进入高维度的不确定性。超越了心领，进入了神会。搁置了世俗的因果关系，建立莫须有的心情。它是陌生的、古怪的，甚至是荒诞的，想一想超现实主义绘画的场景。

我是自由的，因此不受外部力量的驱使。我面对未来，具体说我就要做点什么事情。我突然感到某种力量在我的现在与未来之间，已经建立起某种关系，这个力量叫做自由，它是从虚无中来的。萨特写道："在这种关系的内核，虚无钻了进来：我不再是我将会是的状态，这首先是由于时间把'将要'与'已经'分离开了。其次在于，我将要有的状态并不以我目前的状态作为基础。最后是由于任何现实的存在都无法严格规定我想要成为的状态。"①直言之,虚无感中断了习惯的河水流动方向,它可能朝向某个同时使我惶恐和兴奋的方向,就像心情的真相是情不自禁的。于是我说,我在我不由自主的场所。

这个不由自主的场所使我兴奋,因为它危险,萨特写道:"然而,就像我已经是我就要是的状态(否则我就不会对如此这般或者那般的存在有兴趣),我现在以不存在的方式,是我将是的状态。我的恐惧穿过我的未来,恐惧作为可能性使自己虚无化了。"②这种情形,很像列维纳斯说的面对他者,但萨特的说法更具有文学色彩,他说人恐惧虚无。这不属于认识论,而属于人的生存论。就像海德格尔说的,人是面对死亡的存在。萨特说过另一句让人误解的话:"他人,就是地狱。"这句话并非指日常生活中,与别人的关系糟透了,而是指形而上学意义上的虚无状态。周围有各种各样的人,这没有问题,他们以自然状态存在着,但我不满意程序化的感觉,我搁置这种感觉,觉得它不再存在,一种陌生感从虚无中冒了出来,一个凸眼人,坐在一个岗亭里。"他不说话,不时伸直一条腿,惊恐地瞧着这只脚,它穿的是高帮皮鞋,另一只脚上却是拖鞋……我们觉出他是孤单一人,对他十分恐惧……因为我们感到他脑子里装的是螃蟹或龙虾的思想。一个人居然用龙虾的思想来看待岗亭,看待我们玩的铁环,看待灌木丛,我们不免惊恐万分。"③想一想超现实主义画面。

一个人居然用龙虾的思想来看待岗亭,这写的不仅是小说,而是说心情总处于危急情景,迎来陌生。我要进入某个真实存在却暂时对我不存在的地方,我进不去,却特别想进去,那样我就有机会享受"用龙虾的思想来看待岗亭"的危险的幸福,而这让我感到既兴奋又焦虑,好像就要坠入悬崖,毁灭我与拯救我的,是同一种行为——我焦虑,因为"没有什么力量能妨碍我拯救我的生命,也没有什么力量能阻止我冲入悬崖"④。但这是两种不同的行为,做了其中一个就不能做另一个,而我现在焦虑是因为我还没有做出选择。

"一种决定性的行为,将会来自一个还不是我的我。"⑤我的现在有赖于还不是我的我,反之,我将来的状态是我现在所不是的状态,我就要在我所不在的地方,无论是心情还是行为的场所。这种依存关系使我感到眩晕,这光晕告诉我,人就是自由,自由使人眩晕。我靠近悬崖,无底深渊在注视着我,它是有生命的,就像用龙虾的思想看待岗亭。

我站在悬崖边上,以自己的生命打赌。我往崖下望去,从高到低,环视着万丈深渊,做出我要跳崖的姿势,象征性地跌落在原地,似乎已经享受过了。于是,我"自杀"过了,

---

① J.‐P. Satre, *L'être et le néant*, Paris：Gallimard, 1943.
② J.‐P. Satre, *L'être et le néant*, Paris：Gallimard, 1943.
③ 沈志明：《萨特精选集》,北京：北京燕山出版社,2005 年。
④ J.‐P. Satre, *L'être et le néant*, Paris：Gallimard, 1943.
⑤ J.‐P. Satre, *L'être et le néant*, Paris：Gallimard, 1943.

它是"可能的",与此同时,我暂时不再焦虑了,由于我刚刚享受过无效的幸福动机,我不在悬崖边上了,回到了正常生活。

萨特说,以上的例子揭示出对就要到来的事情的焦虑感,要来的是另外的一种生存状态,它压倒了对于已经过去了的事情的悔恨。人每天早晨醒来,都面对未来,选择自己是否决心做一个自由人。选择自由,如何操作呢? 就是与自己打个赌,而不必考虑人家的反应如何,脸皮要足够厚,这才是冒险家的性格。我前面引用了哈姆雷特的"活着,还是不活",又说"较真儿,还是苟活",现在我说"赌,还是不赌",这很刺激,是存在主义的特殊生活情景。它甚至使生活变得艺术化了,也就是偶然性,总以为自己有能力抓住瞬间的美好,即使事实上没有抓住,但是不后悔,因为已经尝试过了,这可以归纳为"生活的真谛,就是永远从现在开始"。还有很多瞬间期待着我们,心思在神经中流动,某个时刻某根神经膨胀起来了,情不自禁地中止了其他心思,念头之路突然显得狭窄而宽阔,走神和凝神相互生成。

我以我刚才所不是的方式活动着,作为生活的博弈者,我探索就要发生的事情,但我和所有人一样,不可能确定未来,这种断裂关系又使我感到焦虑。未来是一个虚无,我还不认识它,此时此刻,恐惧和自由相互包含,自由又一次返回了零度,一种元自由。

单独一个人在偏僻的荒野走夜路,他是一个怕鬼的人。他越是怕鬼,就觉得鬼就在他身后。他由快步碎走变成了小跑,但是他始终觉得后脖颈子冷飕飕的,仿佛鬼魂一直跟他身后,这是他自己创造出来的恐惧,他封闭在自己幻想出来的无形圈子里,难以逃脱。他不再是一个自由的人了。

自由是艰难的,而人就是自由,人就是艰难。最难的是与自己较劲。萨特写道:"我们首先要回应的是,焦虑并不显示为对人的自由的证明,人是自由的在于人询问疑难问题,我们只是表明存在着特殊的关于自由的意识,这种意识叫做焦虑,这意味着我们希望在自由意识的实质结构中,凸显焦虑。"[1]在存在主义哲学看来,焦虑表现出对命定论的反抗,"或者我们把焦虑不安当成无视我们行为的真实原因,焦虑在这里就是展示某些不道德的、异常强烈的、恐惧的、残酷的动机。这是突然诱发出来的某些受谴责的甚至有罪的动机,而在这些情况下,我们把自己呈现为世界上的物,我们将超越切己的情境,焦虑消逝在害怕之中。这令人生畏的害怕,具有超越的综合理解力。"[2]萨特这段话具有几重意思:第一,焦虑之所以与自由挂钩,在于两者都无视真实的因果关系。用更为通俗的语言,这种无视是"现象学还原"的变相说法之一。"无视"并非指真实的因果关系不存在,

① J.-P. Satre, *L'être et le néant*, Paris: Gallimard, 1943.
② J.-P. Satre, *L'être et le néant*, Paris: Gallimard, 1943.

而只是说不理睬它。第二,以上的情形,就会导致某些奇形怪状的、异常强烈的,甚至是恐惧残酷的情景,例如前文的悬崖边上、那个以螃蟹或者龙虾的思想看待岗亭的凸眼人等等。但这里更具有哲学思考价值的,在于它们更像是突然冒出来的无动机行为,是每个人依从自身的天性从虚无中冒出来某某与某某相像,而在两者之间,原本根本就没有任何相似关系,从而显得古怪和害怕,但其中有某种特殊的思想与艺术的奇绝味道,它诱惑我们了,我们怀着害怕甚至恐惧的心情,不由自主地坠入它的深渊,它没有物理世界的真实但有想象世界的真实,它吓着我们了,或者是一个现实的东西突然出现在完全不合习惯礼仪的场所,这都算作"超越切己的情景",此刻我们的心情似乎已经脱离了牛顿的万有引力。它甚至包括了人的非人化,或者说"物化"现象。例如,萨特在《占领下的巴黎》这篇著名的散文中说,巴黎人在咖啡馆里当着纳粹士兵的面议论政治,因为士兵听不懂法语,只能对着自己桌前的一杯汽水发呆,目光茫然。萨特写道,对在场的巴黎人来说,这个德国士兵更像是一个家具或者谈话的静态背景,而不是一个活人。

不难发现,在谈论"自由"的方式上,康德仅仅限于澄清关于"自由"的概念,方法是通过辨析自由与另外一些概念之间的差异。但是,萨特的方式不是思辨的推演,而是直接描述我们的现实生活,他要通过人的具体焦虑的情景,揭示自由的情景。在这里,"焦虑"并不是揭示自由内涵的例子,"焦虑"本身就意味着人是自由的,而这种深入描述,就已经意味着从事哲学研究。可以不直接说人,而直接描述人的焦虑,因为人的真实境遇就在各种各样的焦虑之中,焦虑意味着进入了人的生存状态的内核问题,也就是自由。

休谟与美德

［美］杰奎琳·泰勒/著　李义天　丁珏/译*

　　尽管在休谟早期著作《人性论》(A Treatise of Human Nature)中就使用过"优点"(merit)这个词,比如,他把不轻信他人观点或奉承的人形容为"感觉敏锐和富有优点的人"①,但是,在成熟时期的道德哲学著作《道德原则研究》(An Enquiry Concerning the Principles of Morals)里,"优点"却包含了更具技术性的涵义,发挥着更具颠覆性的功能。在探讨休谟哲学与美德伦理学之关系的本章,我的目标是,刻画《人性论》与《道德原则研究》关于品格、道德评价和责任的不同看法,进而判断我们可以在何种程度上把他的观点视为美德伦理学。虽然我会考察《人性论》的主要相关论证,但是,出于若干原因,我将把精力聚焦于《道德原则研究》。首先,这部晚期作品存在很重要的区别:它对道德采取了更加复杂细致的论述,并且更加符合休谟在其随笔中提出的那种得到历史与经验支持的人性科学。其次,休谟精心修改了很多版,使得《道德原则研究》成为一部漂亮而精致的作品,不再像《人性论》那样冗长。② 最后,休谟自己也宣称《道德原则研究》是他最好的作品,而我将试图表明,为何我们应该采信他的这番说法。

一、《人性论》中的美德

　　在考察"骄傲"(pride)与"谦卑"(humility)的具体原因伊始,休谟声称,美德和恶德是"导致这些激情的最明显原因"③。他介绍了涉及道德及其与快乐之间关系的两个"假设",一个源自"利己"学派,而另一个源自道德感的传统。前者坚持认为,美德建立在自利或教育的基础上;后者则认为,道德是真实的,并且根据"自然的某种原始结构",美德

作者简介:杰奎琳·泰勒(Jacqueline Taylor),旧金山大学哲学系教授。

译者简介:李义天,清华大学高校德育研究中心教授,教育部青年长江学者;丁珏,清华大学马克思主义学院博士研究生。

① D. Hume, *A Treatise of Human Nature*, D. F. Norton and M. J. Norton(eds.), Oxford：Oxford University Press，2000.

② D. Hume, *A Treatise of Human Nature*, D. F. Norton and M. J. Norton(eds.), Oxford：Oxford University Press，2000.

③ D. Hume, *A Treatise of Human Nature*, D. F. Norton and M. J. Norton(eds.), Oxford：Oxford University Press，2000.

使我们愉悦,而恶德让我们痛苦。① 从这两个假设中,休谟都借鉴了一些内容:他指出,正义是约定俗成的,而父母和政治家则努力向青年灌输一种"坚定的荣誉感";与此同时,同情(sympathy)构成了赞同和指责等真正道德情感的源泉,后者的对象乃是一些人们所公认的品格特征(美德和恶德)。在《人性论》的第三卷中,休谟的主要目的之一就是要表明,当我们与那些因为受到某人的品格影响而产生的愉悦、痛苦或利益发生同情时,道德情感是如何产生的。例如,当一个人因为另一个人的仁慈(benevolence)而向后者表示感激时,我们会对感激的愉悦感产生同情,并指引我们对后者的仁慈品格施加一种经由同情而产生的道德赞许。休谟把"同情"作为一个技术性术语来使用,指的是一种人性原则,它解释了我们如何相互沟通我们的情绪、情感和观点。今天,我们可能认为休谟的同情类似于移情能力(empathic capacities),这种能力囊括了从情绪传染(例如,具有感染力的笑声或恐慌情绪),到对我们的同情对象所处状况或处境进行更高层次的想象重构。同情解释了我们为什么会对正义、仁慈这样的社会美德给予道德赞许。它也解释了我们为什么会赞许那些拥有者有益的品质,比如节俭(frugality)或勤奋(industriousness)。因为,同情能让我们感受到某人从她自己的勤奋中所获得的那种愉悦感,而我们会把这种愉悦感,作为道德的赞许,转而指向她的品格。出于同样的原因,同情还解释了我们为什么会对天赋(natural talent)、美貌(physical beauty)、力量(strength)以及财富(wealth)、名声(fame)、权力(power)表示赞许或钦佩。休谟把美德和恶德严格地限定为一种精神品质(mental qualities),并且认为我们的情感必须经历不断地校正,才能恰当地做出道德赞许或道德谴责的反应。

产生道德情感的"同情"必须不偏不倚(impartial),不受自我利益、空间、历史距离以及只看后果而不看品格倾向的做法的干扰。因此,我们必须采用休谟所说的**普遍的或共同的观点**。我们把自己的利益搁到一边,通过对那些受到某个行为者品格影响的人们所产生的愉悦或痛苦发生同情,从而更清晰地聚焦于该行为者的品格。关于我们怎样以及为何要采取共同的观点,休谟是这样说的:

> 每个人的快乐和利益各不相同,除非他们选取一种共同的观点,据以观察他们的对象,并使这个对象在所有人看来都显得是一样的,否则,人们就不可能在情感和判断方面达成一致。在判断品格时,只有在每个旁观者看来都一样的利益或愉悦,才是其品格正在被考察的那个人自己的利益或愉悦,或者,才是与他有关联的那些人的利益或愉悦。尽管这样的利益和愉悦对我们的触动,与我们自己的利益或愉悦

---

① D. Hume, *A Treatise of Human Nature*, D. F. Norton and M. J. Norton(eds.), Oxford:Oxford University Press,2000.

相比要更加微弱,但是,由于它们更为常见和普遍,因此它们甚至在实践中抵消了后者,被认为是美德和道德的唯一标准。只有它们,才产生了道德区分所依赖的特殊感觉或情感。①

休谟强调,我们必须对自己和他人品格展开评价。对此,他给出两条重要的理由。第一条理由是,尽管对品格做出准确的评价十分重要,但同时,我们也很容易让我们的偏见扭曲这些评价。我们有一种天性,偏爱那些对我们有利的人,而责备那些妨碍或破坏我们利益的人。对品格的准确评价,也就是我们从共同的观点出发所做出的评价,可以带来更好的个人决策和公共决策。正如休谟所说,虽然我们的道德情感也许不会直接指导我们的行为,但是,对于学校、布道讲台和剧院来说,它们却是足够有用的。它们帮助指导我们形成共同的价值体系,该体系告诉我们在礼仪、宗教和娱乐等方面要如何教育我们的孩子,并且指导我们进行政策和法律方面的推理与选择。强调道德评价的第二条理由则涉及品格的范围,涉及在我们眼里值得赞赏或值得谴责的各种特征的范围。休谟在《道德原则研究》中对此说得更清楚,因此我们将要考察一下,他在该作品中关于这个问题的讨论。

二、《道德原则研究》中的同情与情感

在讨论个人优点(personal merit)之前,让我们看看《道德原则研究》与《人性论》之间的一些区别。《道德原则研究》首次出版于 1751 年,它(特别是 1764 年和 1777 年这两版)给休谟的道德哲学带来了很大的变动和补充,使之比《人性论》更加有序,也更加精致。其目的仍是为了表明,同情是我们赞扬和责备的道德情感的来源。重要的是,休谟承认了理性在道德评价中的根本地位,同时放弃了《人性论》的争辩立场,后者在讨论慎思(deliberation)和意志(will)时表现得最为明显。我们对品格的评价依据的是情感,情感给品格打上了"光荣或耻辱的印记";情感"让道德成为一条活跃的原则",从而使美德有助于实现我们的幸福,而恶德则会给我们带来悲伤。② 但为了恰当地辨别美德和恶德,理性必须做出严格的区分和比较,考察各种关系,搞清楚关于某人品格和处境的事实,从而得出正确的结论。

---

① D. Hume, *A Treatise of Human Nature*, D. F. Norton and M. J. Norton(eds.), Oxford: Oxford University Press, 2000.

② D. Hume, *An Enquiry Concerning the Principles of Morals*, T. L. Beauchamp(ed.), Oxford: Oxford University Press, 1998.

《道德原则研究》的一般进路也不同于《人性论》。在早期作品中，休谟曾诉诸某些心灵的原则，这些原则基于相似关系（resemblance）、接近关系（contiguity）或因果关系（causation）而把各种知觉（perceptions）联系在一起。这些关联性原则解释了特定类型的知觉何以产生，其中包括信念、关涉自我或关涉他人的复杂情感（比如骄傲或爱）以及各种道德情感。在《道德原则研究》中，休谟放弃了这一方法，转而从道德话语和那些构成美德或"个人优点"的精神性质的清单入手。我们道德话语中的术语，反映了我们的赞成或责备的情感。从仁慈（benevolence）和正义（justice）这两种美德着手，休谟考察了这些性质，试图发现它们会在什么样的情况下获得赞同。而在我们针对友谊（friendship）、怜悯（compassion）或正义的反应中，又是什么使这些性质成为美德？休谟的答案是效用（utility）。正义，其首要原则是确立财产权，对于社会的秩序和安全来说绝对不可或缺。而仁慈之人的善举则有助于实现他人的幸福和福祉，因此，美德的有用性是使其变得有价值的原因之一。

同情解释了我们为什么会对那些对别人有用的东西感兴趣。我们自然而然就会同情他人的幸福或苦难，其中既包括生活在遥远过去的人们，也包括虚构出来的角色。休谟以一种他在《人性论》中未曾有过的方式，完善着自己的立场。当我们对某人的幸福或苦难产生同情，并且，这是由于这个人自己或他人的品格的某种有用或有害的倾向所致，那么，我们的赞成或责备就反映了我们本性的另一条原则，即**人道（humanity）**原则。休谟在两种不同的意义上使用人道这个词：人道的原则或情感表现为一种稳定的偏好，即更偏爱有用的品格特征而甚于有害的品格特征；人道的法则或动机使得人们温柔或体面地对待他人。这两种意义上的人道都可以是美德，尤其是当它们发展成熟之际。休谟注意到，"尽管一个人可以比另一个人有明显的优势，但没有人……会对自己同胞的利益完全漠然"。优秀的人被描绘成：他们"对人类的利益报以热切的关怀……对一切道德区别有着细腻的感觉；对人们所遭受的伤害表示强烈的愤怒；对人们的福祉则给予热烈的赞美"①。在《道德原则研究》中，尤其是在后来随笔集中，休谟指出，在一个社会安排更加公正的社会里，人道的情感和人性的态度更为常见：温和而节制的政府、自由的人民、努力和教育的机会以及社交的机会，对优雅行为方式的欣赏。正如休谟在他的文章《论技艺的进步》（Of Refinement in the Arts）中所指出的，在这样的社会中，我们发现，"**努力、知识和人道**，被一条不可分割的链条紧紧连在一起"②。

---

① D. Hume, *An Enquiry Concerning the Principles of Morals*，T. L. Beauchamp（ed.），Oxford：Oxford University Press，1998.

② D. Hume, *Essays：Moral，Political，and Literary*，E. F. Miller（ed.），Indianapolis：Liberty Fund，1985.

除了对仁慈和正义等社会美德的有利影响产生同情,同情和人道也使我们赞成或钦佩那些对拥有者自身有用的特征,比如审慎(prudence)、勤劳(industriousness)或节俭(frugality)。同情还使我们赞成或钦佩另外一些优点,它们的价值来自它们为其拥有者带来**直接的快乐**(immediate pleasure),而同它们可能具备的任何效用无关。它们提供一种直接令人愉快的感受,一种道德旁观者"通过感染"而把握到的感受。① 高兴(cheerfulness)就是这样的一种性质,它使高兴之人直接感到愉快。它还会把满足和愉悦传给他人,赢得他人的友谊。而有些性质既有可能具备有用性,但除此之外,也能够直接令人感到愉快。骄傲和勇敢都是有用的,但是,骄傲的人对自己还有令人愉悦的崇高之情,而勇敢"还有一种特别的光辉,这种光辉完全来自它自身,来自与它自身不可分离的那种高贵的升华"②。骄傲和勇敢的这个方面令其拥有者直接感到愉悦,而经由同情,这个方面也触动旁观者,使之形成一种类似于崇拜(sublime)的直接感受(休谟确实告诫过人们,不要把这些品质英雄化,也不要盲目崇拜英雄)。其他有用的品质,比如仁慈,也能够直接使人感到愉悦。在休谟的笔下,仁慈的动机对其拥有者而言是"甜蜜的、平静的、温柔的和愉悦的",而且,同情会再次激发旁观者,使之对仁慈的品格产生一种更加温和(softer)或更加亲近(kindly)的情感。直接令他人愉悦的品质还包括谦逊(modesty)、有礼(good manners)、机智(wit)、雄辩(eloquence)和端庄(decency)。我们可以解释,对于其中有些品质,比如有礼和谦逊的起源,在休谟看来,就跟正义的约定有关,并且它们之所以值得称赞,就是因为它们能够提供更好的社会交往与合作。但是,其中另一些陡然便抓住我们感情的品质,比如优雅(grace)和风度(genteelness),则"必须托付给品味或情感所提供的那种盲目但又确凿的证明",这也使得哲学"意识到自己狭隘的边界和微小的所得"③。对于精神品质这种直接令人愉悦方面的赞许之情,休谟注意到:

> 效用的观点或将来有益后果的观点并未进入这种赞许的情感;然而,这种情感却跟由公共或私人效用的观点所引起的另一种情感有相似之处。这两种情感都产生于同一种社会性的同情……或者说,都产生于对人类幸福或苦难的同胞感(fellow-feeling)。④

① D. Hume, *An Enquiry Concerning the Principles of Morals*, T. L. Beauchamp(ed.), Oxford: Oxford University Press, 1998.
② D. Hume, *An Enquiry Concerning the Principles of Morals*, T. L. Beauchamp(ed.), Oxford: Oxford University Press, 1998.
③ D. Hume, *An Enquiry Concerning the Principles of Morals*, T. L. Beauchamp(ed.), Oxford: Oxford University Press, 1998.
④ D. Hume, *An Enquiry Concerning the Principles of Morals*, T. L. Beauchamp(ed.), Oxford: Oxford University Press, 1998.

因此,休谟将**个人优点**定义为"拥有对自己或他人有用的,或者能让自己或他人感到愉悦的精神品质"①。有些品质既是有用的又是令人愉悦的,比如仁慈。而有些品质对其拥有者和他人来说都是有用的,或都是令人愉悦的,比如高兴或勇敢。我们已经看到,这些不同的精神品质皆因某种源于同情的情感而得到赞许,但是,赞许分为三种不同的形式:**人道**赞许的是对自己或他人有用的品质;**崇拜**情感钦佩的是骄傲、勇敢、大度(magnanimity)和沉静(tranquility)的直接令人感到愉悦的方面;而**更温和的**情感赞许的则是仁慈、谦虚、机智和优雅这些品质的直接方面。

三、道德推理:慎思与人道

当我们对那些因其有用性而饱含价值的品质进行评价时,休谟指出:"**理性**必定在所有这类决定中发挥重大作用。因为,只有这种能力可以给我们指示品质和行动的趋向,并指明它们对社会以及对它们的拥有者的有益后果。"当我们对自己的行为进行慎思时,理性也起着至关重要的作用。道德评价和道德慎思都不一定是直截了当的:"可能产生各种怀疑,可能出现各种对立的利益;必须根据充分的观点并且略微偏重于效用,从而偏向某一边。"②在数学推理中,我们可以从已知的东西中推出新的关系,例如某种几何图形的关系,与之相比,**道德**推理本身无法给出正确的评价或选择:"在所有的道德慎思中,我们必须预先熟悉所有对象以及这些对象彼此之间的所有关系,并通过整体的比较,确定我们的选择或慎思。"在这里,不会发现任何新的事实或新的关系,而"知性(understanding)也没有进一步发挥作用的空间";凭借我们的品格,我们可能会做出勇敢或怯懦的选择,可能很有耐心或很不耐烦,可能是悲天悯人或冷酷无情的。就道德评价而言,当推理完成了它的工作之后,"那种随即发生的赞许或谴责不可能是判断力的作品,而是心(heart)的作品;……是一种生动活泼的感觉或情感"③。因此,"**理性**给我们指示了行动的各种趋向,而**人道**则会做出区别,以偏向那些有用的和有益的趋向"④。

---

① D. Hume, *An Enquiry Concerning the Principles of Morals*, T. L. Beauchamp(ed.), Oxford: Oxford University Press, 1998.

② D. Hume, *An Enquiry Concerning the Principles of Morals*, T. L. Beauchamp(ed.), Oxford: Oxford University Press, 1998.

③ D. Hume, *An Enquiry Concerning the Principles of Morals*, T. L. Beauchamp(ed.), Oxford: Oxford University Press, 1998.

④ D. Hume, *An Enquiry Concerning the Principles of Morals*, T. L. Beauchamp(ed.), Oxford: Oxford University Press, 1998.

在进行道德选择时会出现两种错误。我们可能忽略了一些关键的事实,就像俄狄浦斯(Oedipus)杀死拉伊俄斯(Laius)时,他并不知道他杀死的是自己的父亲。或者,事实可能是已知的,就像尼禄(Nero)杀死他的母亲阿格里披娜(Aggripina)时,"复仇、恐惧或逐利的动机却占据了他残酷的内心,压倒了义务和人道的情感"。这种"**事实**方面的错误和**正当**方面的错误之间的巨大差异"就反映在我们的情感中。① 对俄狄浦斯来说,无论我们如何理解杀戮,我们都能看到,他无法对他的行为进行恰当的推理,因为他对一个关键事实缺少信息。而尼禄糟糕的品格以及他对自己行动能够进行准确推理的事实,则引起我们的道德谴责。

我们在前面讨论《人性论》时就已发现,休谟强调要校正我们的道德情感,从而纠正过度的自爱(self-love)或其他偏见。尽管《道德原则研究》也承认同样的歪曲以及进行校正的必要,但他提出的方法却依赖于彼此的对话、辩论和协商;其中使用独特的道德话语,而非更为主观的自爱的语言(language of self-love),在后者这里,我们采用的是有关友爱(friendship)或敌意(enmity)的术语,而不是指称品格的术语②。休谟认为,人道的情感是人类普遍具有的,而且它的适用范围十分广泛,我们可以通过它而对那些距离我们时空遥远的人进行评价。因此,当我们为了使自己能够相互理解而彼此采取共同的观点时,我们所依赖的就是这种情感。我们也应努力践行好评价(good evaluation)的美德,其中包括恰当的道德推理,精确识别品格、行为或处境的特征,以及对我们同胞给予温暖的关怀。通过反思自己的偏心或偏见,我们纠正了我们情感的不均等性。通过共同对话和辩论,我们形成了"一种关于美德和恶德的普遍标准,它主要建立在普遍有用的基础之上"③。

四、个人优点的范围

在《道德原则研究》的较晚版本中,休谟使用了"个人优点"这个术语,并将它与**美德**联系在一起。请回想一下,他的策略是不仅考察那些被我们责备(blame)、责难(censure)或谴责(reproach)的品质,而且考察所有被我们赞扬、热爱或尊重的品质。事实证明,有

---

① D. Hume, *An Enquiry Concerning the Principles of Morals*, T. L. Beauchamp(ed.), Oxford: Oxford University Press, 1998.

② D. Hume, *An Enquiry Concerning the Principles of Morals*, T. L. Beauchamp(ed.), Oxford: Oxford University Press, 1998.

③ D. Hume, *An Enquiry Concerning the Principles of Morals*, T. L. Beauchamp(ed.), Oxford: Oxford University Press, 1998.

些值得赞美的品质会被我们看作**天赋**（talents）而不是美德，如机智（wit）、理解力（understanding）、雄辩（eloquence）或机敏（ingenuity），而有些值得责备的品质，我们则会认为它们是缺点（defects）而不是恶德。休谟的许多同时代人愿意把某些社会性品质主要看作美德，比如仁爱、正义。但是，如果我们也会因为天赋而尊重他人，那我们为什么就不能说天赋帮助人们成为优秀的人？休谟的回答是肯定的，而且他为我们提供了四个理由。首先，语言并不能准确地区分天赋和美德。美德并不仅仅就是某种自觉的习惯。一些公认的美德，例如，勇气、耐心或自制力，可能更多与机遇（fortune）或运气（luck）有关。重要的是在于承认，我们确实会因为人们具有某些更多源自运气而非培养或教育的品质而称赞他们，正如我们会沉溺于人们的美貌或是羡慕富裕之人，尽管这种美貌或财富并不是他们挣得的。类似地，我们也会要求人们对他们由于愚蠢或是出于恶意或怨恨而做出的事负责，哪怕是他们禁不住要这么做。其次，我们的情感也不能准确地区分美德与天赋、缺点与恶德。博学之人会为自己的学识而骄傲，而我们也往往因此而钦佩他们，就像我们钦佩勇敢之人和正义之人一样。再次，不仅是历史学家，古代的道德学家（比如西塞罗或亚里士多德）也承认诸多品质的价值。决定一个人是否有耐心或他们具有多大勇气的往往是命运而非培养，这一点使得很多古代人都对美德是否可教产生了怀疑。最后，休谟指出，正是那些有神学倾向的现代道德学家希望把所有的美德和恶德归结为自愿之物，将所有品质都视为"类似民法的东西，通过奖惩的制裁来加以维护"。① 相比之下，他自己的经验研究则揭示出许多为我们所尊重或责备的不同品质，从而揭示出更大范围的个人优点。

我们不应过分强调美德或优点的非自愿性（involuntariness）。休谟显然确实认为，通过父母、教师、政府和政策制定者的教育实践获得，我们可以让人们尤其是年轻人变得更好。社会交往提升了人的理解力、创造力、智力，使人知礼节并富人道。在他的《随笔集》中，尽管运气因素仍然存在，但休谟采取了一种更为宽广的社会视角来看待较好品格的塑造。例如，在他的文章《论中等水平的生活》（Of the Middle Station of Life）里，休谟就指出，社会地位常常影响一个人的品格。富有之人或权势之人必定担心那些奉承者的动机。而一贫如洗的人则可能几乎没机会了解，更不用说培养好的礼节或接受好的教育。休谟指出，那些处于中等生活水平的人，即中产阶级，有最多的机会展示自己，培育

---

① D. Hume, *An Enquiry Concerning the Principles of Morals*, T. L. Beauchamp（ed.）, Oxford: Oxford University Press, 1998.

美德,并与他人建立起真正的友谊。在另一篇文章《论民族性》(Of National Characters)里,休谟突出了道德/精神原因(moral causes)在塑造社会和社会关系中的重要性。道德/精神原因,如政府形式,可以影响各种制度的性质,例如宗教、教育、婚姻家庭、工业和经济以及风俗习惯。在他的**经济学**文章中,休谟考察了在商业上成功的现代社会对其他制度的影响,他认为奢侈品和其他商品可以带来更多的工作岗位;而科学和机械工艺的进步则促进了知识的增长以及提供了通识教育方面的更多机会。交流中的彬彬有礼和互相尊重促进了社会交往,不仅带来更多的人道态度,而且创造出更多的观点和知识。温和中庸的政府使臣民享有更大的自由。总之,更好的社会安排提供更多的机会来培育个人优点,并使得公民的道德和文化生活具有更大的包容性。历史也让我们有机会反思,一个重视正义和仁慈的社会有什么益处。休谟批评了他眼中古代帝国的野蛮行为和不人道态度,谴责他们对成千上万被征服或被殖民的人民的奴役,而这正是土地经济(land-based economy)以及过度崇拜尚武精神的不幸的副产品。经验告诉我们,自由、仁慈和人道会让更多人过上更加繁荣的生活。

五、休谟与美德伦理学

我们如何理解休谟道德哲学与美德伦理学之间的关系,这取决于我们如何理解美德伦理学。正如我们看到的,休谟确实使用了关于美德和恶德的语言,以及关于个人优点的言辞,并把它们视为人类品格的特征。一些当代道德哲学家拿美德伦理学,或者更精确地说,拿美德理论与义务论(以责任或义务为核心概念的道德理论)或后果论(追求利益最大化结果的理论)进行比较,并将它们视作当代分析的规范伦理学的三大主要理论。例如,罗莎琳德·赫斯特豪斯(Rosalind Hursthouse)就采用亚里士多德主义的方法来论证,正确的行为就是一个有美德的人将会做的行为,而有美德的人就是具有全部美德的人,因此在她必须做出决定和采取行动的那些情境中,有美德的人要根据情境的最重要细节恰当地调整自身。这种策略使得赫斯特豪斯聚焦于美德如何引导慎思和选择。

虽然我们看到休谟简要地讨论过慎思与美德、恶德之间的关系,但引人关注的是,他的主要重点在于如何评价品格,以及培养精准可靠的道德情感所具有的重要性。休谟不像亚里士多德那样主张美德的统一性,所以他并不认为,美德使得有美德的人能洞察情境,而缺少美德的人做不到这一点,故而有美德的人在认识上更具优势。正如休谟在《人性论》中所说:"认识美德是一回事,使意志符合美德是另一回事。"在《道德原则研究》第九章中,休谟以克里安提斯(Cleanthes)为例展示了一个似乎完美的角色形象,他具备在各种关系和活动中表现卓越而需要的全部美德和能力。不过,休谟呈现出这样的理想人物,主要是为了表明美德的生活不仅有助于实现身边人的幸福,而且有助于实现一个人自己的幸福。我们有关个人优点的知识,以及我们对它的赞成,都是通过反思经验和历史而共同建立起来的。

不过,休谟也明确表示倡导那种有美德的或个人优点的生活。正如我们已经看到的,同情不仅是道德情感的来源,而且还能使我们调整自己,以适应他人对我们的态度。当别人称赞我们的品格时,我们对他们的赞赏经由同情而获得的愉悦会给我们带来一种骄傲感。而对我们品格的骄傲,反过来又会给予我们信心,亦即,在追求能力过程中的"一种踊跃的干劲"。① 我们可以把这种骄傲看作是一种对自身道德能力的信心。作为有道德能力的行为者,我们看到,我们的优点允许我们采取各种行动方式,它们使我们自己的生活与他人的生活各有千秋。而他人的持续称赞得以让我们对自身优点感到骄傲,因为对优点的赞许是我们共同珍视的东西。

---

① D. Hume, *A Treatise of Human Nature*, D. F. Norton and M. J. Norton(eds.), Oxford: Oxford University Press, 2000.

中国传统伦理与中国精神

黄震"笃行达用"之政治伦理思想探微

张　磊　陈力祥*

　　黄震,字东发,一字汝震,号于越先生,宋末大儒。其道术"学宗朱氏""折中诸儒"①,务求其是,注重致用,创立东发学派;其著作甚富,虽有《春秋集解》《礼记集解》等书目佚落,慨而不见于当世,然仍有《黄氏日钞》《古今纪要》《古今纪要逸编》《戊辰修史传》等巨函留世,黄氏一生之活动思想,略可显现其中。近些年来,国内学者对黄震之研究也较为重视,成果渐显周备,如吴怀祺、张伟等时贤对东发之生平、著述以及其经学、理学、史学等方面的成就与具体内容都进行了周密系统的爬梳与觇理,可堪借镜;钱穆、林政华等前辈均曾对东发之著述版本、学术渊源、史料学研究方法等问题发表过学术见解,足发后学。尽管如此,然而目前学界之研讨仍有不到之处,黄东发仕途半生,其为学历程与官宦生涯相伴而成,又曾编修国史、亲历王朝兴衰,种种迹象都表明其学术思想与其政治实践有着密切关联性,但学界迄今对其政治伦理思想鲜有关怀,颇以为憾,故今文尝试论之。

　　黄震先祖"富而好德"②,然至其少时家族尽已没落,故尝凭授书糊口,遂时以"浙间贫士人"③自嘲。东发先生于宋理宗宝祐四年进士及第,待阙三年后,始开仕宦生涯,但此时下距赵宋覆亡仅余廿载。在为官的十九年中,他历任县尉、从事郎、文林郎、奉议郎等下层官职,曾亲见尉司不法、分司扰民、亭户逃亡、盐课折陷等枉法混乱景象,深感朝野政官的腐朽堕落直接导致国计民生急转直下,"以致人言沸腾"④。同时,他也意识到南宋政权不仅内政堪忧,外患亦堪忧,"近者,重庆为西蜀一线之脉既毁于火,光州金刚台为淮西襟要之口,又毁于火,……边情愈不可测矣"⑤。

　　如果说在北宋建立之初,国运未颓,面对外部威胁与内部纷争,尚可取径于道德教化

　　* 作者简介:张磊,湖北大学哲学学院博士研究生,主要从事中国哲学研究;陈力祥,湖南大学岳麓书院教授,博士生导师,主要从事中国古代哲学与传统文化、湖湘哲学、中国传统伦理研究。

本文系国家社科基金重大项目"中国政治伦理思想通史"(项目编号:16ZDA103)的阶段性研究成果。

① 黄宗羲:《宋元学案》,北京:中华书局,1986年。
② 王梓材、冯云濠编撰:《宋元学案补遗》,沈芝盈、梁运华点校,北京:中华书局,2011年。
③ 曾枣庄、刘琳主编:《全宋文》,上海:上海辞书出版社,2006年。
④ 黄震:《黄震全集》,张伟、何忠礼主编,杭州:浙江大学出版社,2013年。
⑤ 黄震:《黄震全集》,张伟、何忠礼主编,杭州:浙江大学出版社,2013年。

之法,以完善伦理秩序的方式徐徐平衡、平息内部矛盾,并进以济困扶危。可此时黄震所面临的国力式微、民瘼其瘳,救国家于危亡之际的迫切性与社会利益集团斗争的尖锐性使得他关怀现实的方式再难停留在空谈义理、增衍浮说之上。因此在"民日以穷,兵日以弱,财日以匮,士大夫日以无耻"①情形下,他一改"理学""心学"末流谈虚不实的做派,提出了以"道在事中"为主要内容、注重笃行的政治伦理思想。

一、政治之道即在事中

黄震盛推朱熹,后人以之为"深得朱学奥旨"②。东发在对其理学理论相关体系的建构和概念的理解上,大致接受了晦翁的观点和态度。如在论及理学核心观念"理"之特征时,他言道"理无定形,亦无终穷……事万变而不齐,而理无不在。……理本无所不包"③,这与朱子及其余绪之言"理"并无二致;在涉及"理"之流行时,他提及"天高地下,万物散殊,皆造化生息之仁,而至理流行之寓"④,这较之于元晦以及后学亦无心裁。但亦须辩明的是黄震之遥遥嗣响,并非出于对朱子的个人仰慕,东发曾谓"晦庵为《集注》,复祖诂训,先明字义,使本文坦然易知,而后择先儒议论之精者一二语附之,以发其指要"⑤,可见其推崇朱学殆因其平实易行,这亦能从"震与杨简同乡里,简为陆氏学,震则自为朱氏学,不相附和"⑥中见到端倪。

上述原因的存在,致使黄震在承接朱熹观点时并非盲目收受,而是对"道学有所修正"⑦。他敏锐地觉察到朱熹之学在论"理"过程中存在的"高远"向度⑧,如就"理"的理解言之,朱熹的最初解释便已然埋下了导向"空虚"的伏笔。朱熹曾言:"未有天地之先,毕竟也只是理。……有理,便有气流行,发育万物。"⑨朱熹把"理"规定为超时空的存在,固然突出了"理"作为宇宙本体的统摄作用,然而亦可能造成的一种必然结果便是:即使无

---

① 黄震:《黄震全集》,张伟、何忠礼主编,杭州:浙江大学出版社,2013 年。
② 钱穆:《黄东发学术》,《中国学术思想史论丛》,台北:东大图书有限公司,1987 年。
③ 黄震:《黄震全集》,张伟、何忠礼主编,杭州:浙江大学出版社,2013 年。
④ 黄震:《黄震全集》,张伟、何忠礼主编,杭州:浙江大学出版社,2013 年。
⑤ 黄震:《黄震全集》,张伟、何忠礼主编,杭州:浙江大学出版社,2013 年。
⑥ 纪昀等编纂:《四库全书总目》,北京:中华书局,1965 年。
⑦ 侯外庐主编:《中国思想通史》,北京:人民出版社,1980 年。
⑧ 需加以申明的是,这种"向度"的出现并非朱子本意,且朱子亦做过多方说明,究其原因乃在于:一是某种理论被较为充分地诠解与建构之后,往往存在多方面的解读,而在解读过程中往往会有所偏倚;二是理论在被表达与言说之时便会带来诸多缺陷与不足,这种言说与理解的偏差也会导致多种向度的产生。
⑨ 黎靖德编:《朱子语类》,王星贤点校,北京:中华书局,1986 年。

"气"、无"万物","理"依然有理由照常存在,即"理""超出于人事之外"①。经过朱熹如此解释的"理"难免有些悬空,尽管我们深知"实存"并非"实有",且它只代表一种逻辑上的先在性,但这亦无可辩驳地存在着导人以"谈空说虚"的可能性。对此黄氏在对"理"的认知上提出了自己的意见。

> 夫道即理也,粲然于天地间者,皆理也。不谓之理而谓之道者,道者大路之名。人之无有不由于理,亦犹人之无有不由于路。谓理为道者,正以人所当行,欲人之晓然易见,而非超出于人事之外,他有所谓高深之道也。(《黄氏日抄·临汝书堂癸酉岁旦讲义》)

"在朱熹那里,'道'作为'理'等同的范畴"②,黄震亦然。但朱子多言"理"而不谈"道",盖是因为"理有确然不易底意。故万古通行者,道也;万古不易者,理也"③,旨在强调"理"的万世而无变。而东发谓"理"为"道"却是在承认"理"的不易性的同时,又强调了"道"不是凭空想象出来的抽象物,而是像大路一样的实在物。当然黄震在这里并非要辩明"理"的具象与抽象,而是要表达"理"不能"超出人事之外"而独立存在,一旦离开了具体的事物和人事,"理"就无所依凭,即朱子所表达的"言理,则无可捉摸,……言物,则理自在"④。按照黄氏的逻辑理路:"道"与"理"只会存在于日常的民生日用之中,世人要想知"理"达"道"便只能服膺于日常践行,所以他盛赞朱子所谓"不说穷理,却言格物"⑤之言。

黄震对"理"与"道"理解上的转捩,毫无疑问会对朱熹理论中"理"悬空的一面有所克服,同时也在保持理学核心观念"理"具有普遍性与具体性的同时,又开掘出了它人间性和日用性的意义,大大扩展了理学的内涵。但是不可置否的是此举也衍生出了新的问题,即黄震"所谓'理',是事物之理"⑥,其对事物之理的认定,无疑妨害了对"理"作为伦理之理与道理之理的贯通和阐发。伦理之理与道理之理的载体本身具有抽象性,如何从抽象中把握确定之理,又如何从物理中贯通伦理与道理,这本身就是理学理论饱受质疑的一大症结所在,而东发的这一理论发明无疑又催化了这一矛盾。为此,东发又做出了理论的补足和阐发。

> 圣人者作,乃教之食,教之衣,教之宫室以兴其利,教之医药以去其害,而又教之

① 黄震:《黄震全集》,张伟、何忠礼主编,杭州:浙江大学出版社,2013年。
② 侯外庐、邱汉生、张岂之主编:《宋明理学史》,西安:西北大学出版社,2018年。
③ 陈淳:《北溪字义》,北京:中华书局,1983年。
④ 黎靖德编:《朱子语类》,王星贤点校,北京:中华书局,1986年。
⑤ 黎靖德编:《朱子语类》,王星贤点校,北京:中华书局,1986年。
⑥ 蒙培元:《理学的演变——从朱熹到王夫之戴震》,福州:福建人民出版社,1984年。

书契,从而明三纲五常,以经纪人极。……是饥必不可以无食,寒必不可以无衣,庇风雨必不可无其居,巧疾痛必不可以无药食也。……是君臣父子之常必不可废,礼乐文物之懿必不可缺。(《黄氏日抄·龙山寿圣寺记》)

显然,黄震不再着重申明"理"与"道"的先在性,也不再纠结物理、伦理与道理是否能够贯通的问题。① 因为在东发看来一旦细究此问题便还是在脱离日用常行谈论"虚理",仍旧是在将形上世界与形下世界分作两截;另外他也深知纯粹的形上概念之间或然包含着不可逾越的知识界限,但是在日用中三者之间却很难泾渭分明。因此尽管他仍旧赞同"粲然于天地间,皆理也"②,但是他却明确反对"谢绝生理,离形去智"③,拒绝以纯粹理论思辨的方式去体悟真理,而是将其全然付诸践履,即"无非归之实践履,以全其在我者也"④。这一方面是将形上世界与形下世界统一了起来,并将形下世界作为实践和认知的目的与目标;另一方面则是实现了"道"与"理"的内涵由先天性的存在意义向后天性的价值践履与实现意义的转化,具体表现为对"社会伦理秩序、文化生活的实际需要的满足"⑤。

黄震思想上对"道"的认知直接指导着他在现实中的表现。黄震提倡笃行达用,"强调'躬行'的道德实践的重要性"⑥,他尝言"其形于言也,常恐行有不类,惕然愧耻,而不敢轻于言;其见于行也,常恐不付所言,惕然愧耻而不敢不勉于行"⑦,这一方面是东发"道在事中"思想的必然结果,另一方面也是深受朱熹知行合一思想影响的直接反映。但相较于朱熹"知在行先"的逻辑认可,他更倾向于实操与践行,黄氏认为"物莫不有理""万事莫不有理",主张"人之所常行者皆道矣"⑧。然而黄震所谓"日用常行之理"⑨,不仅包括日常生活中的道德原则,还包括政治伦理原则,即如他所言的"谓物者,事也,人伦指君臣父子以下五者言之也"⑩,因此东发之思想更侧重于"治道",即政治伦理哲学。

面对南宋王朝的内忧外患,黄震认为士大夫惟事笔舌、不务践履完全无益于世事,只

---

① 根据陈来先生在《宋明理学》中的分析则有:天理(作为宇宙的普遍法则的理);性理(作为人的本性或道德本质的理);伦理(作为伦理道德规范的理);物理(作为事物的本质与规律的理);理性(作为理性的理)。这五种不同意义的理在具体的讨论中是不能随便替代的。陈来:《宋明理学》,北京:生活·读书·新知三联书店,2011 年。

② 黄震:《黄震全集》,张伟、何忠礼主编,杭州:浙江大学出版社,2013 年。

③ 黄震:《黄震全集》,张伟、何忠礼主编,杭州:浙江大学出版社,2013 年。

④ 黄震:《黄震全集》,张伟、何忠礼主编,杭州:浙江大学出版社,2013 年。

⑤ 黄绍梅:《黄震的躬行之学》,《鹅湖月刊》,1997 年第 262 期,第 27 页。

⑥ 任继愈:《中国哲学史》(第三册),北京:人民出版社,2003 年。

⑦ 黄震:《黄震全集》,张伟、何忠礼主编,杭州:浙江大学出版社,2013 年。

⑧ 黄震:《黄震全集》,张伟、何忠礼主编,杭州:浙江大学出版社,2013 年。

⑨ 黄震:《黄震全集》,张伟、何忠礼主编,杭州:浙江大学出版社,2013 年。

⑩ 黄震:《黄震全集》,张伟、何忠礼主编,杭州:浙江大学出版社,2013 年。

有讲求实际、积极用世或可以挽大厦之将倾、救国家于危亡。于是他指出："今日之所少者,不在讲说,而在躬行。"①强调士人应痛省而速反,"毋蹈或者末流谈虚之失,而反之笃行之实"②,以便改变晚宋变节、奢靡、无所作为的不良士风。为彻底达到吏清治明的效果,他生平都致力于"纠正着朱学成为'正学'或'圣学'以后所暴露出来的流弊"③,他认为流弊之巨,除朱学自身些许理论缺陷所致使外,更关键者当弊在士人"支离、舛戾、固陋"④。这在他对以朱学为仰禄工具的士人的批评与指摘中便可窥得一二。

> 而我之应于上者,自以其穿凿,自以其浮靡,今日之试于上者,尚能言及天理,尚能言及仁政,他日之施于民者,自或流于人欲,自或流于贪刻,言行相违,穷达异趋,国负士乎? 士负国乎? 法弊人乎? 人弊法乎?(《黄氏日抄·抚州新建增差教授听记》)

黄震的这种认识几与叶水心所谓"解额一定,多者冒滥,少者陆沉,奔走射利,丧其初心"⑤的认知同出一辙。可见,东发对叶适"统绪"之说虽有不屑⑥,但他对水心思想中便利天下的主张却颇为认可,并称其为"皆熟于治体之言"⑦"精于财政本末之言"⑧。这也侧面反映了黄震之学与永嘉学派思想上的耦合之处。这种耦合也造就了东发对事功理论的广泛借鉴与吸收。⑨

> 管子责实之政,安有虚浮之语?……此管子政经之纲,苟得王者之心以行之,虽历世可以无弊。……凡其转虚为赢,善于足民如此。(《黄氏日抄·读诸子·管子》)

黄震之"责实之政""政经之纲""足民"思想与吕祖谦"讲实理,育实才,而求实用"⑩的"明理躬行"的主张极为类似,这是《日抄》之作折中诸儒"的直接表征,也是"浙东学术的繁荣,尤其是经世致用思想的开展,追根溯源,实际上仍与陈亮之学有着极其密切的联

---

① 黄震:《黄震全集》,张伟、何忠礼主编,杭州:浙江大学出版社,2013 年。
② 黄震:《黄震全集》,张伟、何忠礼主编,杭州:浙江大学出版社,2013 年。
③ 何俊、范立舟:《南宋思想史》,上海:上海古籍出版社,2008 年。
④ 黄宗羲:《宋元学案》,北京:中华书局,1986 年。
⑤ 叶适:《叶适集》,刘公纯、王孝鱼、李哲夫点校,北京:中华书局,2010 年。
⑥ 详见《黄氏日抄·卷六十八·叶水心文集·敬亭后记》。参阅黄震:《黄震全集》,张伟、何忠礼主编,杭州:浙江大学出版社,2013 年。
⑦ 黄震:《黄震全集》,张伟、何忠礼主编,杭州:浙江大学出版社,2013 年。
⑧ 黄震:《黄震全集》,张伟、何忠礼主编,杭州:浙江大学出版社,2013 年。
⑨ 首先,黄震师承程朱却不一味盲从,其治学呈现审慎、开放、包容的态度;其次,由于社会危机原因,使得强调经世致用的浙东事功派蓬勃发展,以叶适为代表的"永嘉事功学派"便是其一支重要派别;最后,黄震和叶适所处时代相近,其思想传播区域都在浙江,且二者作为地方官吏均有政绩,且有较强的号召力和感染力。因此基于以上三方面的原因,我们有理由相信黄震思想受过事功学派影响。
⑩ 吕祖谦:《东莱遗集》,北京:中华书局,1987 年。

系"①论断的又一依据。至此我们也不难看出事功学派作为儒学内部的一场反动与启蒙所产生的巨大影响②,以及黄氏对朱熹道德动机决定论与陈、叶实践效果决定论思想的吸收与整合。除此思想有汲取补采他人之所长之外,黄震的很多做法与主张都能体现出此特点,诸如黄震多次论述"治人"与"治法",以此强调尽信法不如无法,从而将人的主动性从规则的束缚中释放出来;但他又不全然反对规则的存在,而是坚持张立"简明稳定"之法,并因时制宜地积极调整法律内容,以求应对时代之变与现实所需。这虽然表面上看起来是对人治与法治论辩的折中,但实际上黄震所指称的法律规则是个内容极为宽泛的概念,它既包括两宋盈于架阁、不能遍览的法律条文,也包括时人所笃信的前贤往圣的只言片语。因此黄震的这种折中不仅仅局限于社会治理方式层面的调和,更是对时人泥古思潮的端正,强调自身的思考与对现实问题的积极回应,即"古人发言,义各有主,学者宜审所躬行焉"③。

二、三代之治在变与守

前文已叙,黄震"道在事中"的政治伦理之核心乃在笃行达用,这在一定程度上表明了黄震之思想天然具有变革的特质。东发亦曾谓言:"法出于黄帝、尧、舜尚须通变,法出于三代盛时犹必损益,安有谓法出于儒先,忍于坐视其弊而不救者?"④上节中提及的黄震励士节、厚士风的呼吁便是直接例证。此外,黄震面对当时深刻的财政危机与民族矛盾分别从经济领域与军政层面提出过自己的变革方案。如在经济方面,东发曾撰《更革社仓事宜申省状》《更革社仓公移》《荒政结局申省自劾状》诸文,深刻揭露了奸吏"阳借贷敛济人之权,阴肆为富不仁之术"⑤的椎剥之害,以及"取之尽锱铢,用之如泥沙"⑥的浮费之状,并据此先后提出"同共禀议""以租代息"⑦"裁汰冗官"等具体改革之法,以求达到苏民瘼、裕国政以及"安富恤贫"的治平效果。在军政层面,黄震一方面深受传统儒家务德不务广、以德不以力的思想影响,另一方面他也清楚地认识到空言恢复的不切实性,在

---

① 汪洋:《陈亮事功伦理思想研究》,西北师范大学学位论文,2010 年。
② 朱红、王绪琴:《永嘉学派的学理转向及其意义》,《哲学研究》,2020 年第 1 期,第 61—68 页。
③ 黄震:《黄震全集》,张伟、何忠礼主编,杭州:浙江大学出版社,2013 年。
④ 黄震:《黄震全集》,张伟、何忠礼主编,杭州:浙江大学出版社,2013 年。
⑤ 黄震:《黄震全集》,张伟、何忠礼主编,杭州:浙江大学出版社,2013 年。
⑥ 黄震:《黄震全集》,张伟、何忠礼主编,杭州:浙江大学出版社,2013 年。
⑦ 黄震:《黄震全集》,张伟、何忠礼主编,杭州:浙江大学出版社,2013 年。

此基础上他提出修内政而后议恢复的主张,强调率先针对时下"虚立员以冒稍食"①"甲兵游手""惰于闲散""私役禁军"②等种种乱象进行整治,力求达到"内外军将训练无虚日,所养必有用,所用必所养"③的效果后再"待时"恢复中原。这些主张在南宋政治糜烂、军事处于劣势的情形下不失为务实革弊之良法。

诚然黄震"道在事中"的实践理论必然会催生出变革思潮,但是我们也理应看到笃行实践反映到现实政治社会中,不过是代表着社会制度与政治理想目标总体建构下具体实操的展现与总结,意义并非根本。因此我们还必须要对黄震思想理论的大体框架与理想目标有所深入了解才能准确地理解他的政治伦理思想。

毋庸置疑的是行先王之道、致三代之治,是儒家的传统政治思想。有宋一代,儒家学者无不以之为己任,黄震亦是坚实的拥趸,他曾言:"自羲、黄、尧、舜以至于今,世世相承,以维持人道于不泯不坏,皆圣人之力矣。"④这种对先王之道的热烈推崇与对三代之治的狂热追捧便先天决定了黄震政治伦理思想的传统性色彩。这在黄震抚州赈灾的历程与抉择中便可见一斑:抚州赈灾东发采用"劝粜"⑤之策,在"劝粜"的过程中,黄震率先采取"道德规劝"的方式,利用儒家伦理规劝富民主动出粜赈济灾民,但最终杳无成效;随后又继以"利诱引诱",依靠出台官职奖励和官方褒奖措施引诱富民积极赈济,亦收获甚微;最终不得不采取"威胁强制"的非常手段,利用行政或法律手段惩罚故意闭粜者,方才收获实效。⑥ 这切实反映出了当时纲常伦理对社会的制约力日渐薄弱,这种薄弱性不仅是社会正义与社会自治力缺失的直接表现,更是理学价值体系崩坏的一种深度体现。黄震面对此种恶劣无序的社会境况,即便是在"威胁强制手段"取得一定成效之后,他仍然没有选择"拨乱之政,以刑为先"⑦的路径,而是笃定地认为"忠孝者,万世之纲常,实国家之与立"⑧,选择了以重整社会伦常的方式重新树立社会价值规范的内在权威。为了阐明纲常礼教关乎国家兴衰治乱,他提出自己的见解。

---

① 脱脱等:《宋史》,北京:中华书局,1985 年。

② 黄震:《黄震全集》,张伟、何忠礼主编,杭州:浙江大学出版社,2013 年。

③ 黄震:《黄震全集》,张伟、何忠礼主编,杭州:浙江大学出版社,2013 年。

④ 黄震:《黄震全集》,张伟、何忠礼主编,杭州:浙江大学出版社,2013 年。

⑤ "劝粜"即要求富农以低于市价的价格出售粮食,赈济灾民,如《黄氏日抄·卷七十五·乞指挥提举司令本州粜还已籴义米申省状》言:"近方荷富室出粜,每升亦不下五十余钱,其减至四十钱者,乃富室从劝,情愿赈粜之数,非市价可官籴者。"其方式与史书中惯常所见"劝分"尚有不同,劝分是指中国古代统治集团动员民间富有之家出钱出粮出力,进行灾荒救济的行为,其目的是在政府救灾能力不足的情况下,通过广泛的社会动员来达到救荒之目的。

⑥ 张锦鹏:《从黄震抚州赈灾个案看南宋官府与富民的博弈》,《首都师范大学学报》(社会科学版),2019年第 2 期,第 8 页。

⑦ 严可均编纂:《全上古三代秦汉三国六朝文》(第三册),北京:中华书局,1997 年。

⑧ 黄震:《黄震全集》,张伟、何忠礼主编,杭州:浙江大学出版社,2013 年。

人之良心先于孝,仁民爱物基于孝,孝不可一日不言,故圣人教人惟以孝弟忠信;孝弟忠信既立,则人人亲其亲,长其长,他日推之以治国平天下,特举而措之尔。(《抚州辛未冬至讲义》)

此外,黄震时时引史为证,如他在总结两晋、南朝史时说道:"六朝乍起灭,生民涂炭,推所自来,实源于三纲沦、九法斁,而君臣上下之义不明也。"①因此我们不难看出,黄震的政治伦理思想中虽然包含着变革的因子,但是这种变革并非革命式的大破大立,而是在"守"中思"变"。虽然他亦曾直言"天下无不弊之法,而兴之者存乎人"②,然而这里的"法"显然不是作为社会秩序建构框架的基本法则,而更像是社会运行过程中局部内容性的法度。这在黄震对程朱所标榜的"尧、舜、禹、汤、文、武之治"的辩护中便可窥得端倪,他曾对"三代之治"在现实中没有实现的原因做出过解释,他认为原因当是"世变难以遽返、邪说未能尽绝,讲明未能实行"③,而非程朱的阐明之误,程朱的"阐明"自然包括目标的设定与具体原则的安排与设计。因此,东发的"变"更像是南宋儒学内部的一次简单修补与南宋朝廷内部面对危机的一次应激反应。

我们也不难理解东发此种抉择背后的无奈之处:一方面作为儒学的奉行者,儒家传统的经世精神迫切地敦使着他改变南宋社会不切时务、运转失灵的现状,诚如余英时先生所言的那样"一旦外在情况有变,特别是政治社会有深刻危机的时代,'经世'的观念就会活跃起来"④,这是儒家精神浸染后的必然结果。另一方面他又深知思想本身会因学术的展开而发生变化,作为思想支撑的学术一旦被修改,思想也等于被解构,然而在彼时儒家道统与理学体系已然成为宋王朝正统统治的合法依据与理论基础,是必然不可被动摇与触碰的,当然东发也无意于此。因此在这种左右掣肘、进退维谷的情形之下,东发要想达此目的,就只能在秉承钦定官学的基础上,强调细审前人之立言,根据现实的情况做出切己的判断与运用。于是就呈现了"变"与"守"相谐和、"用心于内"与"用心于外"相结合、"价值理性"与"工具理性"相沟通、既重视个人体悟与理论构建又重视在笃行达用中重构伦理秩序的独特思想。

不可置否的是,在东发有意修正与革新下,一定程度上确实对朱子后学流弊有所规避,"凡言性天之妙者,正为孝弟之实"——既强调了正本清源又强调了应归之笃行达用之实;同时也对当时空谈多而实政少的官场风气有所扭转,在身体力行与变革常新中自觉维护封建统治秩序。但是,这种调和也反映出他思想内部以及政治态度上的动态摇

---

① 黄震:《黄震全集》,张伟、何忠礼主编,杭州:浙江大学出版社,2013 年。
② 黄震:《黄震全集》,张伟、何忠礼主编,杭州:浙江大学出版社,2013 年。
③ 张伟:《黄震与东发学派》,北京:人民出版社,2013 年。
④ 余英时:《中国传统思想的现代诠释》,南京:江苏人民出版社,1999 年。

摆,诸如在处理君臣关系上,他一方面一再反复宣扬"士大夫虽未必皆贤,然必士大夫布列中外,上自朝廷,下达郡县,上纲下纪,共为扶植而后庶民得以生息于其下,所谓代天工者也"①的思想,强调士人切救世弊之风;但另一方面他又着力提升君主的地位与权威,强调"君尊如天地"。如果说这种思想姑且尚能看作是"天尊地卑,乾坤定矣。卑高以陈,贵贱位矣"②传统思想的承袭,那"凡天下之功皆人君之有,人臣无豫也"③却是黄氏所独发,黄震把君主视为治乱的根本,寄希望于明君,希望皇帝能够施行仁政,使国家走向兴盛,他在轮对札子(第二札)中动情地对度宗皇帝说"真能使天下复见尧、舜、禹、汤、文、武之治,而恢辟之功,反更视之有光也"④,这在一定程度上又助长了士人官僚的因循守旧之弊。所以在本质上这二者所实现的理论圆满与通达不过是两厢凑合,而并未改变与解决黄震形上思想内部所具有的深刻矛盾——将朱子"先天之理"修正为"道在事中"过程中所产生的逻辑困境。作为君主正统地位根本依据的朱子"先天之理"理论最大的特点就是事先预设一个稳定有序的社会样式,从而实现社会的平稳运转,但是一旦将"理"的内涵从先天性的存在意义转化为后天性价值践履与实现意义的"道",就意味着要在社会伦理秩序、文化生活的实际需要的满足中重新规划与建构社会形态,这无疑是对君主地位的挑战。当然黄震无意于此,他本初的目的还是要在维护南宋统治前提下调动士人经世笃行的积极性,所以他选择了保留"先天之理",但是他没有意识到如果在不改变朱子理论框架的基础上做简单的"缝补",仅仅只是实现表面简单的均衡,往往并不能解决实质问题,还容易在实操中出现诸多不可调和的矛盾,从而难以得到真正的落实。当然,黄震的这种"凑合"亦表现在与之相类似的各种观点之间。

三、意义与价值:实学发轫

诚然,黄震政治伦理思想在践履中的失败,不应使我们忽视他在经学与史学方面的成功。这种为学与经世之间所产生的巨大反差,也让我们认识到了黄震政治伦理思想实质上已严重学术化,其思想中折中"缝补"的做法便是其浓厚学术色彩的直接反映。这具体可理解为:学术思想的源头活水一则来源于生活的感召,二则需要对既有之思想及其叙述方式进行有效诠释与扩容,两者实现内在融合后方能使思想自身的理路保持畅通,

① 黄震:《黄震全集》,张伟、何忠礼主编,杭州:浙江大学出版社,2013年。
② 朱熹:《周易本义》,廖名春点校,北京:中华书局,2009年。
③ 黄震:《黄震全集》,张伟、何忠礼主编,杭州:浙江大学出版社,2013年。
④ 黄震:《黄震全集》,张伟、何忠礼主编,杭州:浙江大学出版社,2013年。

进而使得思想理路的触须伸入现实的生活并产生感应,保证源于生活的思考与思想理路相碰撞而激发起思想的浪花,从而演化成一个新时代的新的思想潮流。黄震的治学思路便大致延续这一路前进,并成为维系南宋儒学活力的根本保证。但是我们也应了解到过分学术化的思想往往倾向于通达与圆满,但这却只局限于概念与逻辑产生的应然推论层面,而非必然层面。这就决定了即便在现实生活中它会产生某种程度的积极影响,但亦不能免于疏阔而与现实走向背离,从而陷入左右为难的境地,黄震的政治伦理思想亦不能逃此窠臼。

虽然如此,黄震政治伦理思想的意义还是巨大的。他最大的贡献便是将儒学思想中的"笃行"观念提掇起来,成为明清实学思想的先声。如明末清初学者顾炎武说:"窃叹夫百年以来之学者,往往言心言性,而茫乎不得其解也。命与仁,夫子之所罕言也性与天道,子贡之所未得闻也;性命之理,著之《易传》,未尝数以语人。其答问士也,则曰'行己有';其为学,则'好古敏求';其与门弟子言,举尧、舜相传所谓危微精一之说一切不道,而但曰'允执其中','四海困穷,天禄永终'。呜呼!圣人之所以为学,何其平易而可循也……今之君子则不然,聚宾客门人之学者数十百人,'譬之草木,区以别矣',而一皆与之言心言命。舍多学而识以求一贯之方,置四海之困穷不言,而终日讲危微精一,是必其道之高于孔子,而其门人之贤于子贡也,我弗敢知也。"①并在其著《日知录》卷"艮其限"条、卷十八"内典"条和"心学"条中,大量摘录了黄震对理学家治心之说的批评,作为自己批判理学家空言心性的思想材料。又如清初颜李学派的代表人物颜元认为,无论是孔子的"性相近,习相远"说,还是孟子的"性善"说,其源不异,其旨相同。孔子罕言性道,孟子为辩告子之论不得已而言性,但也取足以折其词即止,初未尝言性善所由然,故犹孔子之罕言。宋儒不能察及此,而反讥其不备,实是对圣贤之意的误解。因此,他说:"明乎孔、孟之性道,而、杨、周、程、朱、释、老之性道可以不言也;明乎孔、孟之不欲言性道,而孔、孟之性道,亦可以不言也,而性道始可明矣。"②并说:"吾日言性道,而天下不闻也;日体性道,而天下相安也;日尽性道,而天下相忘也。惟言乎性道之作用,则六德六行六艺也;体乎性道之功力,则习行乎六德六行六艺也;惟各究乎性道之事业,则在下者师若弟,在上者君臣及民无不相化乎德与行艺,而此外无学教,无成平也。如上天不言,而时行物生,而圣人体天立教意著矣,性情之本然见,气质之能事毕矣。"③这些观点俱与黄震所说的孔子于性道"未尝轻发其秘""孝弟实行正从性与天道中来,圣门之学惟欲约之使归于实行",主张于践行中明尽性道的思想倾向完全一致。

①　顾炎武:《顾亭林诗文集》,华忱之点校,北京:中华书局,1983 年。
②　颜元:《颜元集》,王星贤、张芥尘、郭征点校,北京:中华书局,1987 年。
③　颜元:《颜元集》,王星贤、张芥尘、郭征点校,北京:中华书局,1987 年。

当然,我们承认黄震笃行之学与明清实学之间确乎存在着相通之处,也应看到二者之间所存在的差别,即如张伟所指出的那样:"黄震对程朱理学的修正,出发点在纠朱子后学之流弊,使理学真正成为实用之学;而明清之际一些学者对理学的批判,立足点在否定理学。"①

---

① 张伟:《黄震与东发学派》,北京:人民出版社,2013年。

元朝理学官学化视阈下的政治伦理思想探微

张耀天　王　杰*

　　兴于"马上得天下"的蒙古民族,在征服中原诸国、一统天下之后,结束了中世纪中国长期以来的分裂局面,并以命继宋祚、保成大统的形式成为统治中国的合法政权。元代立国之后,尽管通过武力实现疆域内的统一,但却因常年征战及本民族文化的落后现状,从成吉思汗开始的历代统治者都意识到"马上可以得天下",但却无法实现"马上治天下"。这种对先进文化的渴慕,最终融合为向中原文明靠拢的潮流。成吉思汗在世之时,就盛邀道教全真派真人丘处机到大漠讲经、弘法。成吉思汗本人也十分重视和儒家知识分子的交流,如耶律楚材、元好问等人,在元朝立国之初即以儒生的身份参与到国家政治生活中。南宋灭国前后,赵复等理学名士尽管被虏至北方,却仍能被统治阶级以礼相待,允许其设帐讲学。元世祖忽必烈在登基之前,也渴慕儒家文化,身边聚集着许多儒生名流,如刘秉忠、姚枢、许衡等人。在入主中原之后,这些人担任着政府的重要职务,对儒家文化特别是理学思想的传播,起到了重要的作用。刘秉忠一直跟随元世祖左右,对元朝政治制度的建设、元三都的建设等立国之策,均担负着举足轻重的职责。元世祖本人也有开阔的情怀,能对儒家文化予以宽容发展的立场与态度,"以儒治国"的国策更促进了宋代理学融入国家政治生活的进程。

　　有关儒家文化的官学化,最早可以追溯到汉武帝时期。汉武帝接受了儒生的建议,在国都长安正式创设儒家经典为授课主线的太学,加之董仲舒等人把"罢黜百家、独尊儒术"的思想与政治生活"大一统"的理念相契合,备受皇室贵族的推崇。汉武帝接受了董仲舒有关"兴太学"的建议,由此开启了儒家文化从一种文化思潮转化为国家政治层面意识形态的历程。从这个角度出发,儒家文化为封建政权所用、与宫廷政治相结合,以西汉太学为标志,意味着古代中国中央官学的建设正式开始。元代统治者真正意义上从国家政治生活的层面推进理学官学化,是从元太宗窝阔台开始的,具体标志性的事件有二。

　　其一,公元1238年的"戊戌选士"。元太宗窝阔台接受了耶律楚材的建议,正式开科取士:"太宗始取中原,中书令耶律楚材请用儒术选士,从之。九年秋八月,下诏命断事官

　　*　作者简介:张耀天,现任教于湖北师范大学马克思主义学院,主要从事中国传统文化及思政教学研究;王杰,湖北师范大学马克思主义学院硕士研究生。
　　本文系国家社科基金重大项目"中国政治伦理思想通史"(项目编号:16ZDA103)的阶段性研究成果。

术虎与山西东路课税所长官刘中,历诸路考试。以论及经义、词赋分为三科,作三日程,专治一科,能兼者听,但以不失文义为中选。其中选者,复其赋役,令与各处长官同署公事。得东平杨英等凡若干人,皆一时名士。"①元太宗举办的科举考试,既继承了隋唐以来,以儒家经学的考试成绩作为国家录取人才的依据,也为宋代理学传承介入国家意识形态奠定了基础。

其二,在元太宗窝阔台的推动下,"太宗六年癸巳,以冯志常为国子学总教,命侍臣子弟十八人入学"②,由此开启了元代国家大学国子学建立的历史,并开始教习蒙古贵族子弟研习汉文和儒家经典。到元世祖忽必烈时,更加注重儒家文化作为治世之术的作用。忽必烈本人尚在潜邸之时就开始团结汉族知识分子,"岁甲辰,帝在潜邸,思大有为于天下,延藩府旧臣及四方文学之士,问以治道"③。忽必烈本人也意识到要夺取帝位,不仅要有武力支持,更要有儒家文化的阳谋智慧,此时忽必烈身边已经聚集着众多儒生,如姚枢、许衡、赵复、刘秉忠等人,这些人或者业已是理学宗师,或者是忽必烈登基之后的重要谋臣。不可否认的是,宋代理学的治国理念已经深刻地影响到忽必烈和其他元朝贵族。在登基之后,忽必烈认同汉法治国的理念。许衡在《时务五事》中向忽必烈建言:"考之前代,北方之有中夏者,必行汉法乃可长久。故后魏、辽、金历年最多,他不能者,皆乱亡相继,史册具载,昭然可考。"④"必行汉法,乃可长久"的谏言,显然被忽必烈接受。忽必烈在立国之策的层面,保证儒家汉法的推行;在儒家知识分子参与国家政治生活的层面,既尊重儒家知识分子的社会地位,也尊重他们的政治见解;在保护儒家文化传播的层面,通过立法的形式,最大可能地保障孔庙、书院等教学单位的安全,如元世祖中统二年(1261年)六月,通过政府立法的诏书,宣布"宣圣庙及管内书院,有司岁时致祭,月朔释奠,禁诸官员使臣军马,毋得侵扰亵渎,违者加罪"⑤。在政治环境保障的前提下,宋代以来形成的理学精神,在元代自上而下从意识形态到民间学术,都得到了长足发展,如赵复对理学的诠释打破了元、金知识分子仅把儒学理解为训诂、辞章之学的局限;许衡提及的"君心""民心"问题,既继承了朱熹"格君心之非"的传统,也继承了理学注重民本、民生的精髓;吴澄在元代发展了宋儒的理气论、太极说、性情论等形而上学说,也能游刃于朱陆之间,其《春秋纂言》则新解了儒家文化中的华夷关系,从文化上消解了民族隔阂、促进了民族融合。同时,元代的关学、洛学,也以"私家之学"的方式得以传承,丰富了民间儒家的发

---

① 《元史·选举志》。
② 《元史·选举志》。
③ 《元史·世祖纪》。
④ 《元史·许衡传》。
⑤ 《元史·世祖纪》。

展空间,成为中国历史上理学绚烂的独特文化景观。

元代理学的官学化进程,是理学精神融入国家政治生活的重要表现。自西汉董仲舒所言"天人三策"明确了儒家文化与中央政权密切结合的历史风向标以来,此后历代中原政权均以儒家文化为正统。元代立国与之前其他历代不同,它明确了少数民族君主在中原政权的统治地位,由此涉及元代理学不仅要解决儒家文化"华夷之辩"的政权合法性问题,更要为理学融入不同民族文化的历程而进行跨民族的文化交流,这对于理学而言,既是历史的机遇,更是文化血脉传承的挑战。如此历史背景下的理学官学化,可以看到元代统治阶级对理学文化的推崇之情,也可以看出理学知识分子忍辱负重的使命担当。

一、元代理学官学化与政治伦理的开显

元代立国为中国历史的重要事件,这既象征着北方游牧民族和中原民族的高度融合,也意味着蒙汉文化和其他各民族文化的碰撞、兼容。在元代历朝帝王及贵族的支持下,理学在元代得到了长足发展,不仅成为治国之本,更成为民间社会主流文化生活的导向。从成吉思汗到窝阔台,再到忽必烈,可以清晰地理顺元代帝王对理学的态度,由好奇,到渴慕,再到融会利用——帝王的态度也折射出彼时官方的立场转变。彼时理学的官学化,既有帝王的文化情怀和治世需求,也有理学知识分子的使命担当与奋发有为。

1235年,元朝铁骑攻陷南宋德安,忽必烈的幕僚儒家学者姚枢奉命前往南宋辖地寻求散落江湖的理学名士。赵复由此被发现,在北地燕京开创理学传播的新阵地。赵复以太极学院为基地,公开讲授程朱理学,一改北方儒学注重辞章而忽略义理的传统,给北方儒家文化带来新生和契机。如果说元代立国的三位帝王,是实现理学官学化的重要推手,那么此后的元代历朝帝王均致力于实现"以儒治国"的基本方略,并且把对理学的信仰内化为个人的政治理念。以元仁宗为例,在尚为太子之时,不仅拜理学知识分子李孟为师,且遍访经书、视《大学衍义》为治国要略。

> 诏立帝为皇太子,受金宝。遣使四方,旁求经籍,识以玉刻印章,命近侍掌之。时有进《大学衍义》者,命詹事王约等节而译之。帝曰:"治天下,此一书足矣。"因命与《图象孝经》《列女传》并刊行,赐臣下。十一月戊寅,受玉册,领中书省、枢密院。①

仁宗在皇庆二年接受了自己老师李孟的建议,决定开科取士,恢复隋唐以来的科举

---

① 《元史·本纪·仁宗纪》。

考试,并接受了中书省的谏言,明确以"经学实修"为考试重点,"明经科"为考试主要内容。

> 至仁宗皇庆二年十月,中书省臣奏:"科举事,世祖、裕宗累尝命行,成宗、武宗寻亦有旨,今不以闻,恐或有沮其事者。夫取士之法,经学实修己治人之道,词赋乃擒章绘句之学,自隋、唐以来,取人专尚词赋,故士习浮华。今臣等所拟将律赋省题诗小义皆不用,专立德行明经科,以此取士,庶可得人。"帝然之。①

元仁宗不仅批准了以理学"明经科"为科举考试的主要内容,其本人也对理学经典推崇备至。元仁宗在位时间不足九年,却以"仁"字庙号为后世尊崇,与他本人的儒家情怀密不可分。清人毕沅所著《续资治通鉴》中记录了元仁宗以《大学衍义》为执政之要,共记录至少有四处。

> (1)翰林学士承旨图古勒都尔密实、刘赓等译《大学衍义》以进,帝览之,谓群臣曰:"《大学衍义》议论甚嘉,其令翰林学士阿琳特穆尔编译之。"②
>
> (2)台臣复奏留之,(敬)俨亦陛辞,不允,赐《大学衍义》及所服犀带。③
>
> (3)己卯,以江浙行省所印《大学衍义》五十部赐朝臣。④
>
> (4)翰林学士呼图噜都勒译进《大学衍义》,帝曰:"修身治国,无逾此书。"赐钞五万贯,以印本颁赐群臣。⑤

这四处恰好代表了元仁宗等元代帝王和贵族,对理学精神的态度。其一,元仁宗御览《大学衍义》之后,命令蒙古贵族悉心学习、并翻译成蒙古文,以便学习理学精神中蕴含的治国之道。其二,元仁宗以《大学衍义》作为慰勉臣子的礼物,和犀带一起赐予臣子,既显示出该书在元仁宗心目中的重要地位,也表达了元仁宗希望臣子以《大学衍义》为精要,体会君臣之道。其三,元仁宗将江浙行省刊印的《大学衍义》恩赐群臣,代表着帝王的意志和意旨,也代表着从国家意识形态的领域肯定了理学精神的重要地位。其四,元仁宗多次将蒙汉版本的《大学衍义》颁赐群臣,并提出"修身治国,无逾此书",意味着元代帝王真心服膺于理学经典,并将其作为国家政治生活展开的"蓝本"。这种态度和立场,为元代理学官学化铺垫了友好的政治氛围,并提供了理学官学化的政治势能。

---

① 《元史·选举志》。
② 《续资治通鉴·元纪·十七》。
③ 《续资治通鉴·元纪·十七》。
④ 《元史·本纪·仁宗纪》。
⑤ 《续资治通鉴·元纪·十八》。

二、元代政治伦理思想产生的政治环境的转换

元朝和其前历朝不同,它以少数民族政权入主中原为特征,并在古代中国的疆域内真正实现了少数民族对汉族和其他民族的统治。由此而导致元代的帝王和其他朝代的帝王对儒家文化的态度与立场也截然不同:汉、唐、宋等朝的帝王,本身就是汉族出身,在儒家经学教育的氛围中成长,无论是仅把儒家文化视为统治之术,或真心接受儒家文化,都可以看出他们天然地受到儒家文化的熏陶,与儒家文化形成一种内在的、无法割舍的关联性;元代帝王则不然,特别是成吉思汗、窝阔台、忽必烈等人,他们成长于草原、成熟于战争,儒家文化、理学精神和他们的生活距离很远,对儒家文化、理学精神的认同,只能是在逐年征战的历史中,深切体会到治国理念的重要性。换言之,如果说汉族帝王对儒家文化尚有"利用"之心,元代帝王对儒家文化、理学精神则多了一份对先进文化的虔诚渴求。在几代帝王的主导下,在信仰理学官僚群体的助推下,及在民间理学知识分子的培育下,元代理学官学化呈现出勃勃生机。

第一,元代帝王在连年战争中开始自觉地体悟"生生之德",并逐渐明确宋代理学对于国家治理的重要性。如成吉思汗接触了全真教真人丘处机之后,尽管对丘处机的劝诫并未全盘接受,但却接受了丘处机"葆全养生"的观念。忽必烈在南征的战争中,接受了身边儒家谋士姚枢等人的建议,改变了传统的蒙古战争模式,明确征服性的战争当以"攻心"为善。忽必烈在召见南征军事将领伯颜时,赞许伯颜攻城而不屠城的做法:"古之善取江南者,唯曹彬一人。汝能不保是吾曹彬也。"①意思是讲,宋代曹彬能以仁义之师而驰骋天下,尽受人心,伯颜也能有如此做法,是值得赞许的。到了元仁宗时,明确了以理学精神作为科举考试的主要科目,并与之前汉族政权一样,以科举考试作为政府公务人员录取的重要途径。元代在中原立国不足百年,共开恩科 16 次,理学儒士 1000 余人通过科举考试进入中央政府和地方政府。元仁宗本人也高度认同儒家文化对国家善治的作用:"朕所愿者,安百姓,以图至治。然匪用儒士何以至此,设科取士庶几得真儒之用,而治道可兴也。"②帝王对理学价值的肯定,奠定了理学官学化的基础。

第二,元代蒙汉族的高级官员多以出身儒家为荣,并把儒家文化、理学精神视为国家治理之要。忽必烈在潜邸时身边就聚集了诸如刘秉忠、张文谦、李德辉、窦默、许衡等儒

---

① 《元史·本纪·世祖纪》。
② 《元史·本纪·卷二十四》。

家知识分子,这些人此后或成为朝廷重臣,或成为传播理学精神的宗师,为理学官学化提供了良好的传播环境。以窦默为例,他不仅是忽必烈的重要谋士,更是姚枢、史天泽、许衡等人的伯乐,忽必烈身边的儒家知识分子多是由他推荐并启用。

> 既至,问以治道,默首以三纲五常为对。世祖曰:"人道之端,孰大于此。失此,则无以立于世矣。"默又言:"帝王之道,在诚意正心,心既正,则朝廷远近莫敢不一于正。"一日凡三召与语,奏对皆称旨,自是敬待加礼,不令暂去左右。世祖问今之明治道者,默荐姚枢,即召用之。俄命皇子真金从默学,赐以玉带钩,谕之曰:"此金内府故物,汝老人,佩服为宜,且使我子见之如见我也。"久之,请南还,命大名、顺德各给田宅,有司岁具衣物以为常。①

窦默与忽必烈的对话,是以讨论人道、治道、帝王之道为核心,以儒家治国理念而展开,落实到理学所言说的"正心诚意"上。忽必烈本人思考的问题和窦默的对答,是典型的儒家文化氛围熏陶下的君臣对话。忽必烈询问帝王之道何为,窦默把理学中《大学》的"正心诚意"之说作以应答。忽必烈十分欣赏窦默的修为和学识,"一日凡三召与语"②,礼敬有加。窦默也向忽必烈推荐了后来担任政府重要职务的姚枢等人。如派遣潜邸的侍卫长赵良弼及刘肃、张耕等汉臣,率先在刑州一地,实施汉法,搞"政治特区",刑州大治,忽必烈由此坚定了推行汉治的信心;在忽必烈即位之前,蒙哥已经觉察到忽必烈的政治野心,突设独立机构、审查忽必烈辖属之地的税赋问题,姚枢以儒家的君臣之道为依托,劝说忽必烈要服从蒙哥、不能情绪处事,后与蒙哥冰释前嫌;在与阿里不哥争夺帝位的过程中,郝经以中原帝王帝位相争的历史劝谏忽必烈,让忽必烈暂停南征,"断然班师,亟定大位,销祸于未然"③。忽必烈登基之后,这些汉臣纷纷担任政府的重要职位,推广汉法、实施汉治,这些都为理学官学化提供给了良好的政治环境。

第三,元代理学家以"朝闻道,夕死可矣"的精神,继承理学文脉、传播理学精神。以赵复为例,其被虏至燕京之后,以太极学院为基地传播两宋理学思想。赵复以自己所学,选取程朱一脉的理学著述8000余卷,自己又亲著《传道图》《伊洛发挥》《希贤录》等理学著作,向北方学者系统性地介绍两宋理学的整体脉络,并亲力亲为、教授理学。北方不少儒家学者如姚枢、杨惟中、许衡、郝经、刘因等人,都深受影响。以"南吴北许"而著称的吴澄、许衡及刘因等人或在庙堂、或在江湖,均致力于传播理学、以为正道。原属于金朝辖地的北方理学,因赵复等人的传播而蔚为大观。《新元史·儒林传序言》中

---

① 《元史·卷一百五十八·列传第四十五·窦默传》。
② 《元史·卷一百五十八·列传第四十五·窦默传》。
③ 《班师议》。

记载了这段历史。

> 自赵复至中原,北方学者始读朱子之书。许衡、萧奭讲学,为大师,皆诵法朱子者也。金祥履私淑于朱子之门人,许谦又受业于履祥。朱子之学,得履祥与谦而益尊,迨南北混一,衡为国子祭酒,谦虽屡聘不起,为朝廷所礼敬。承学之士,闻而兴起,《四书章句集注》及《近思录》《小学》通行于海内矣。①

> 延祐开科,遂以朱子之书为取士之规程,终元之世,莫之改易焉。是故元之儒者,服膺朱子之学,笃信谨守,言行相顾,无后世高谈性命,阳儒阴释之习,呜乎! 是亦足以通六经之大义,传孔、孟之心法矣。②

《新元史·儒林传序言》提及儒林人物,皆以朱子学自居。两宋理学的入门读物,如《四书章句集注》《近思录》《小学》等朱子的著述,也成为元代儒生的研习必备。赵复至北地之后,"通六经之大义,传孔孟之心法"的理学研究思路,一改原来北方儒生专注于辞章、训诂的小学传统,从国家层面的太学到乡村教育的私塾,均以诵读理学为荣,由此而奠定了元代理学官学化的文化环境。

三、元代理学官学化与政治和伦理思想的转生

元代理学在源流上并没有严格地界定"朱陆之争",相反开始呈现"朱陆和会"的潮流。究其原因在于:其一,赵复本人尽管自称"朱子后学",但到北地讲学期间因时局问题、北地知识分子的儒学基础问题等,现实地意识到如果再以南宋朱陆之争而讲学,既无法实现理学的系统传播,也会破坏和消解理学的完整性。其二,朱陆理学尽管有差异,如天理、太极等形上理论上存在分歧,但均以直继孔孟而自居,均强调道统、德性。到元代之后,朱陆的差异逐渐模糊化。理学的知名人物吴澄等人主张打破门户之争,以实现理学的薪火相传。其三,不排除一种可能,元代理学在传播之初时,赵复等人已意识到朱子学注重辞章的"直离"特征,与原金朝辖地儒家的小学功夫类似,如不能以陆学的"立乎其大"来矫枉过正,理学依然无法以破茧式的新生力量进行传播。由此,合会朱陆的理学得以借助深厚的众家之长而转化为官学的理论基础和主流的政治伦理思想。由理学而转化为政治伦理,大体呈现如下路径。

第一,由道德而政治。西方思想家韦伯在提及理念和伦理的关系时,如此讲道:"对

---

① 《新元史·卷二百三十四·列传第一百三十一》。
② 《新元史·列传第一百三十一·儒林一》。

于每个人来说,根据他的终极立场,一方是恶魔,另一方是上帝。个人必须决定,在他看来,哪一方是上帝,哪一方是恶魔。生活中的所有领域,莫不如此。"①政治家执政理念来自他的伦理选择,传统国家的政治生活基于"人治"的底色,政治家的理念直接决定着国家的政治生活走向,而剥离政治家理念之后留存的核心性资源,则是政治的伦理。理学在元代官学化的历程中,可以清晰看到一条线索,即理学的道德价值开始转化为政治生活的伦理价值,理学的道德规范转化为政治生活的规训权力。两宋理学所积淀的以道德仁心为基调的政治学说,在秦汉之后的 1000 多年历史中,已呈现出强有力的、意识形态的统摄作用,无论是维护帝王尊严的大一统思想,或者是天地君亲、纲常名教思想,既保证着理学能够成为国家统治的意识形态力量,也意味着它能够有效地稳定社会秩序,这也是元代统治者、理学家合力推动理学官学化的重要内因。理学内在地表现为道德之学、德性之学,具体展示为"以儒治国"的基本国策。元代帝王逐渐放弃屠城、杀伐等血腥的战争行为,而倾向于收复民心、注重生产,从一个侧面可以看出理学精神的深度影响,如孟子所言:"得天下有道:得其民,斯得天下矣;得其民有道:得其心,斯得民也,得其心有道:所欲与之聚之,所恶勿施,尔也。"②在征伐南宋的过程中,忽必烈也的确接受身边儒家知识分子张文谦、刘秉忠等人的建议,告诫将士不可嗜杀。元仁宗尽管在位时间很短,却为元初休养生息、恢复生产做出了重要贡献,如元仁宗与大臣交流时就讲道:"民惟邦本,无民何以为国。汝其上体朕心,下爱斯民。"元代的治国理念中,已把理学"民惟邦本"的思想内化其中。

第二,由理论而践行。南宋灭国之后,理学思想家也进行过群体性的反思,如对理学的空谈弊端进行系统的反思。元代理学从某种意义上更加重视由理论到践行的转化,强调要把理学精神与现实生活相契合,转化为经国治世的大学问。以许衡为例,他明确提出:

> 为学者,治生最为先务。苟生理不足,则于为学之道有所妨,彼旁求妄进及作官嗜利者,亦窘于生理之所致也。士子当以务农为生,商贾虽为逐末,亦有可为者。果处之不失义理,或以姑济一时,亦无不可。③

可以看出,以许衡为代表的元代理学家倾向于"治生""务农",这种"厚生"之学显然在两宋理学家的著述中难觅踪影。尽管许衡的学术思想倾向于理学,强调要遵守儒家的"古人遗法",认为要以理学精神进行国家治理,但国家要富强必须"厚生教民","厚生"

---

① 马克斯·韦伯:《学术与政治》,钱永祥等译,上海:上海三联书店,2019 年。
② 《孟子·离娄上》。
③ 《许文正公遗书·许鲁斋先生年谱》。

之学确实是对两宋理学的反思。这种反思两宋理学空谈之风的倾向,在南宋时期也已出现,如叶适、陈亮等人在理学的基础上,以义利之辩为切口,提出要注重事功、学以致用,希望当政者行实政实德,以"义利双行"为判断历史的道德标准,这种新思路在理学之前的发展历程中是不曾出现的。元代理学家用学以致用、经国济世的价值取向,来合理解释个人的入仕行为,很好地诠释了"道不远人"的精神,如许衡在中统元年接受了朝廷的延聘,去往元大都的途中拜访了刘因。刘因质问许衡:"公一聘而起,毋乃太速乎?"许衡则回答说:"不如此,则道不行。"许衡非常务实,他意识到元代文化落后的现状,如儒家知识分子聊以自慰于清流、空谈,则大道不行,理学的精神更无法传播。许衡在呈递给忽必烈的《时务五事》中也反映了自己对理学精神和事功践行之间关系的认知态度,这些建议后来多被忽必烈所接受。如忽必烈《中统建元诏》的诏令,完全是儒家帝王的口吻,口述了元代建国的简史,以《春秋》的大义、周易的生生之德,作为治道的精神:"建元表岁,示人君万世之传;纪时书王,见天下一家之义。法《春秋》之正始,体大《易》之乾元。炳焕皇猷,权舆治道。"[①]理学精神对元代国家政治生活的影响,由此可见一斑。

第三,由厚古而致用。如前文所言,元代理学对政治生活的影响既体现在国家政治生活的层面,如位居高官的耶律楚材、刘秉忠、窦默、姚枢等人通过自己的政治地位推行儒法;也有大量的民间学者,在社会基层推广理学精神,如赵复以太极书院为基地、许衡以民间讲学为方式,都积极地推动着理学教化的事业。许衡在拜访姚枢之后,受到了启发,开始真心服膺于理学。在接受二程理学的理论体系之后,与自己的门人讲道:"昔者授受,殊孟浪也,今始闻进学之序。若必欲相从,当率弃前日所学,从事《小学》之洒扫应对,以为进德之基?"[②]其间许衡多次出任政府的教育主官,如京兆提学、国子祭酒、右丞相秘书、集贤大学士等职务,但许衡一直致力于理学的传播,并向政府推荐自己的学生,如王梓、刘季伟、韩思永、耶律有尚、吕端善、姚燧、高凝、白栋、苏郁、姚炖、孙安、刘安中等人,担任国家太学分校的校长。尽管许衡一直对做官不感兴趣,但为了推广理学他愿意接受政府的延聘,超越了传统儒家所谓的"华夷之辩",把孔孟仁者之道,致用于理学传播之中,既尊重儒家的传统,又不迂腐于理学的空谈:"纲常不可亡于天下,苟在上者无以任之,则在下之任也,故乱离之中,毅然以为己任。"[③]

元代理学尽管依然保留着两宋理学以先秦为宗的传统,但却表现出与两宋理学不同的价值路径:南宋灭国之后,不少知识分子深切认识到理学家的空谈,既无法解决两宋积贫积弱的现状,也无法根除社会腐败、经济颓废的局面,理学只能停滞到纯粹学术探讨的

---

① 《元史・本纪・世祖纪》。
② 《宋元学案・鲁斋学案》。
③ 《宋元学案・鲁斋学案》。

层面,对历史社会的发展毫无意义。特别是国难当头之际,理学家极少投身到保家卫国的军事斗争中,依然袖手讨论天道、性命。两宋理学家"高者谈性理,卑者矜诗文,略不知兵、财、政、刑为何物",这些命题与社会现实脱节且流弊空谈。这些命题都是元代理学家必须面对的,以许衡为代表的元代理学家都亲身经历了南宋的灭亡,这些理学家没有选择逃避的态度,无论是否深处庙堂,都积极投身到理学的传播,把儒家文化的修齐治平精神与践履笃实学风高度融合,形成元代理学官学化的新特征。

四、元代政治伦理思想之特色

元代理学的基本学脉是以两宋理学为主要线索,在兼容朱、陆的基础上,展示出与两宋理学不同的特征,它积极融入政治生活的空间中,并在儒学发展的主线索上第一次真正意义上遭遇了"华夷之辩"(之前儒学有关民族关系的讨论,往往只停留在保持民族优越感的中华文化主导优势上,元代的"华夷之辩"是真正意义上将儒家文化直面多民族文化的冲击)。也正是由于"华夷之辩"而使得汉法第一次以外向融合的方式,走进政治生活的舞台。这些都是元代政治伦理思想发展出现的新特点。

第一,由内圣而用世。元代政治伦理思想依托于理学为主轴理论,展示出与以往历代儒家理论不同的新特点,它更注重于理论的应用,在继承浙东学派注重功用的基础上,朝臣的理学儒生向元代帝王积极推行汉法、汉治,民间的理学儒生则注重理学的教化功能,并以此演化为推动社会变革的文化力量,如赵复的太极书院、吴澄的草庐学派、刘因的静修学派等,往往授徒几千人,成为理学传播和理学官学化的直接推动力量。此时理学的发展更加注重现实,强调由"内圣"而"用世"的转变。以许衡为例,他尽管以理学宗师自居,却明确强调经济生活为治学的首要。把"治生"放到"为学"之先,强调民生的重要性,这与传统儒家"不事稼穑"的理念截然不同,既有元代理学反思两宋理学空谈误国的因素,也与转向务实学风、以农求本的价值取向有关。元代理学家注重社会政治问题和经济民生问题,是彼时知识分子群体性的反思。"治生为先"的思想也被忽必烈接受,忽必烈在登基之前一直管理蒙古汗国的传统汉地,在接受儒法、汉治的同时,接受了理学家的建议,设置专职的安抚司部门,进行战后中原地区的复耕工作,同时忽必烈本人也因治理汉地、接受汉法、推行汉治而在政治上受益,由此实现元初天下统一之后的与民休息、民生发展的短暂繁荣。

第二,由排夷而变夷。元代理学家宗法于宋,是为中原儒家的圣人之学,唐代儒学、两宋理学在效仿佛道的师承关系上,逐渐理顺出一个圣人之学的道统系统,以此既要证明儒家学术传承的合法性,也要实现文化的优越感。元代理学的发展面临着一个现实的问题,那就是道统的文化合法性如何和政治的现实合法性匹配:儒家是为中原圣人之学,元代统治者尽管已经继承大统,但在道统认知的体系中依然属于蛮夷之族、不化民族,理学知识分子如果认同了元代的统治现实,不仅意味着个人品行与节操要受到质疑,也意味着道统的传承和继承出现了问题。在元初的知识分子中,不少理学家就本心而言,是无法接受元代少数民族统治中国的政治现实,如赵复尽管以太极书院为基地,从事理学传播事业,但一直拒绝到元代中央政府就职;许衡尽管和中央政府合作密切,担任忽必烈的主要幕僚,但五退五进均担任教育部门的主官,一直没有担任地方督抚或实权性职务;刘因的表现最为明显,他一直拒绝入仕,只是在民间从事理学的讲学和传播事业。加之两宋灭国,从某种意义上讲是先进文化被落后的野蛮民族所征服,元初的不少知识分子短时期内无法调适这种内心的冲突和矛盾。

以郝经为代表的理学家,则开创了另外一条调适华夷关系的道路。其一,郝经在政治哲学的领域提出了一个新的范畴,即“皇统”(明儒王船山则创新地提出“治统”)。他认为,道统的精神传承没问题,元朝代宋而立也没有问题,少数民族统治中原地区、野蛮文化征服先进文明都没问题。原因在于,政权继承是一个独立的权力接替系统,是为皇统。皇统是受命于天的,天命运行到了哪家,哪家就可以为天下共主,而道统是维系于人心的,谁当皇帝和谁传道统,完全是两个概念。如果天命在夷,而少数民族的统治者又能推行儒法、善治,那这个政权就应该被理学所承认。他枚举了北魏孝文帝迁都洛阳、承袭汉法的例子,指出“孝文迁都洛阳,一以汉法为政,典章文物灿然与前代比隆”。其二,郝经认为即使少数民族以暴力取得征服,即使政权获得的方式是不仁义的,也要通过是否能进行善治来考察该政权。郝经提出:“天无必与,惟善是与。民无必从,惟德之从。中国而既亡矣,岂必中国之人而后善治哉!圣人有云:夷而进于中国则中国之,苟有善者,与之可也。”①郝经直接面对“中国而既忘”的事实,理学家要展望未来,他大胆地提出:“今日能用士而能行中国之道,则中国之主。”许衡也对华夷之辩问题提出过自己的见解。

> 中夏夷狄之名,不系其地与其类,惟其道而已矣。故春秋之法,中国而用夷礼则夷之,夷而进于中国则中国之。无容心焉。舜生于东夷,文王生于西夷,公刘古公之俦皆生于戎狄,后世称圣贤焉。岂问其地与其类哉!元之君莫不以古圣贤并论,然敬天勤民,用贤图治,盖亦谙于中国之道矣。夷狄之俗,以攻伐杀戮为贤,其为生民之害大矣。苟有可以转移其俗,使生民不至于鱼肉糜烂者,仁人君子尚当尽心焉。况元主而知尊礼,而以行道济时望之,公亦安忍以夷狄外之,固执而不仕哉!……然

---

① 《陵川集·卷十九》。

则谓公之臣元,有害名教者,亡矣。①

许衡他指出所谓的中原华夏、犬戎夷狄,只是一个名词。中国古代的圣人,舜、文王、公刘都是生活在少数民族区域,这些所谓的夷狄恰好是中国圣贤之道的缔造者。元代的统治者尽管出生于夷狄之地,但确能行中国之道,敬天勤民、用贤图治,是真正意义上的道统继承者。如果知识分子再对此抱有成见,那是真正的"有害名教"。"能行中国之道,则中国之主"的认同,逐渐深入人心。

第三,由治经而宗法。宋元之际理学知识分子的学术旨趣、价值取向也发生了改变。金、元的军事力量,使不少知识分子重新认识仁义与铁骑的关系,面对强大的北方少数民族军事进攻,两宋的统治者不仅不能够居安思危、奋发图强,反而继续贪图享乐、偏安一隅。不少理学知识分子尽管继续关注性理、天命,但却开始系统地反思两宋理学流于空谈的弊病。如前文所言,许衡等人开始关注经济民生与理学治学的关系问题,杨慎则提出了"实学"的新观点。这些都为理学在元代的转向提供了一个新的出口。与此同时,这种新的价值旨趣也投射到理学家的政治价值取向上,元代的理学家大多不再沉湎于治经的一家之乐,而是关注如何在政治生活的领域行儒家之法、行儒家之治。

以刘秉忠为例,他可以说是忽必烈幕府的汉人首座。在忽必烈尚在潜邸的时候,他就向忽必烈进言《万言书》,他一直强调要把汉治、汉法作为立国的根本。他认为中原地区隶属理学文化圈,自尧舜圣人以来,有着几千年的文化传统,只有行儒法汉治,才能长治久安。

> 典章、礼乐、法度、三纲五常之教,备于尧、舜,三王因之,五霸败之。汉兴以来,至于五代,一千三百余年,由此道者,汉文、景、光武、唐太宗、玄宗五君,而玄宗不无疵也。然治乱之道,系乎天而由乎人。天生成吉思皇帝,起一旅,降诸国,不数年而取天下。勤劳忧苦,遗大宝于子孙,庶传万祀,永保无疆之福。②

> 愚闻之曰:"以马上取天下,不可以马上治。"昔武王,兄也;周公,弟也。周公思天下善事,夜以继日,每得一事,坐以待旦,以匡周室,以保周天下八百余年,周公之力也。君上,兄也;大王,弟也。思周公之故事而行之,在乎今日。千载一时,不可失也。③

刘秉忠在进言《万言书》的时候,忽必烈尚是藩王的身份,接受蒙哥的委任,负责南地(原两宋属地)的治理。刘秉忠把蒙哥和忽必烈的兄弟关系,比喻为儒家圣人武王和周公

---

① 《宋元学案·鲁斋学案》。
② 《元史·列传第四十四》。
③ 《元史·列传第四十四》。

的兄弟关系。文王、武王、周公,都是孔孟之道中推崇的圣人,刘秉忠认为忽必烈应该"思周公之故事而行之",所思之故事是儒家贤者圣贤之事,所行之道自然就是儒家之道。天下可以马上取得,但天下不能马上治之,唯有以践行儒法,才能实现南地的善治。元代儒家和理学家不仅治经,而且以理学之要为宗,以儒法为宗,由此而开启了元代初期的短暂盛世和理学繁荣。

中统元年,世祖即位,问以治天下之大经、养民之良法,秉忠采祖宗旧典,参以古制之宜于今者,条列以闻。于是下诏建元纪岁,立中书省、宣抚司。朝廷旧臣、山林遗逸之士,咸见录用,文物粲然一新。[①]

五、元代政治伦理思想的影响

元代是中华民族历史上的一个重要朝代:它从真正意义上在传统中国的疆域内,实现了多民族的融合和多文化的交流,最大范围、最大限度地把儒家文化的精神与各民族信仰、风俗和生活习惯相融合,由此铸就多民族交融、辉煌灿烂的中华文化。两宋理学在经历历史剧变之后,通过多元路径的综合发展,逐渐演化为一种指导国家政治、经济、文化生活开展的官学,由此而焕发着与其他历史阶段不同的生机和魅力。

在庙堂之高,从忽必烈幕府的诸多汉族幕僚,到忽必烈登基之后的诸多汉臣,都以儒家教化、复兴理学为使命,国家政治生活的层面由此涌现出效仿汉制、推崇汉法的风尚;在教学体系,从国学、太学、地方官学、乡村私塾,再到理学家讲学的各种书院,在基层社会形成了学习理学、传播理学的良好氛围;在乡间农村,两宋至元的中原汉族迫于战乱,频繁迁徙,不少家族在新的迁徙地安顿之后,通过修订家谱、制定家规、建修家学等方式,既实现了基层社会的稳定,也把理学的精神内化到家庭教育中。

由此可见,元代理学在整体性改造、系统性传统、渗透性教化的前提下,与元代的政治生活高度融合,成为元代历代帝王治国理政的重要思想资源,也成为推动元代蒙古民族和其他少数民族封建化进程的重要思想资源。元代理学整体地矫正了两宋理学停滞于空谈、沉湎于玄学的倾向,最终落实为实在之学,并为开启明代理学的新发展做好铺垫和预备。

---

① 《元史·列传第四十四》。

情质与诗教

—— 从"思无邪"论孔子诗教

王　磊[*]

一、引言：重言诗教之必要

子曰："诗三百，一言以蔽之，曰：思无邪。"[①] 而该论历来被视作孔子对《诗经》总旨的提挈，一言以蔽之，这个斩钉截铁的肯定与承接，实际是对《诗经》性质的厘定，开启了孔子诗教的旨向，打开了后世诗教的蔚为壮观的局面。春秋时期，《诗经》面临由官学向私学的转变。在这一学术转换的大场域之中，诗教的教化特性尤其凸显出来，在对孔鲤的教育中，孔子曰：不学诗，无以言。学诗，一者是作为言语应对的素材，二者是培养人的性情。言语塑造与性情培养，是诗教作为一种教化最直接的体现。时至今日，诗教中最细微而最广阔、最深邃而又最柔软的情质，在层出不穷的现代理念下涌现出来，父母之情、夫妇之情、兄弟之情又成为现代社会的基本情愫。于是，重新梳理"思无邪"之义，并由此通达孔子诗教变得十分必要。

二、诗三百与孔子删诗说

（一）"孔子删诗说"略辨

孔子删诗之说，肇始于司马迁，"古者诗三千余篇，及至孔子，去其重，取可施于礼义，上采契后稷，中述殷周之盛，至幽厉之缺，始于衽席，故曰《关雎》之乱以为《风》始，《鹿鸣》为《小雅》始，《文王》为《大雅》始，《清庙》为《颂》始。三百五篇，孔子皆弦歌之，以求合

---

　　* 作者简介：王磊，浙江大学马克思主义学院博士后，浙江工商大学马克思主义学院讲师。

　　本文系国家社科基金青年项目"汉代公羊学文质论研究"（项目编号：21CZX030）和浙江省杭州市哲学社会科学规划课题"汉代公羊学诠释方法研究"（项目编号：Z20JC059）的研究成果。

　　① 朱熹：《四书章句集注》，北京：中华书局，2007年。

《韶》《武》《雅》《颂》之音,礼乐自此可得而述,以备王道,成六艺"①。东汉班固亦继承这一说法,"《书》曰:诗言志,歌咏言。故哀乐之心感,而歌咏之声发。诵其言谓之诗,咏其声谓之歌。故古有采诗之官,王者所以观风俗,知得失,自考正也。孔子纯取周诗,上采殷,下取鲁,凡三百五篇,遭秦而全者,以其讽诵,不独在竹帛故也"②。后世有陆德明、欧阳修、王应麟亦本之。

然而,关于孔子删诗,历来多有争论。唐代孔颖达提出异议,正义曰:"如史记之言,则孔子之前,诗篇多矣。按书传所引之诗,见在者多,亡逸者少,则孔子所录,不容十分去九。马迁言古诗三千余篇,未可信也。"③朱子在《朱子语类·论语十六》中说道:"论来不知所谓删者,果是有删否? 要之,当时史官收诗时,已各有编次,但到孔子时,已经散佚,故孔子重新整理一番,未见得删与不删。"④清人简朝亮亦曰:"此言三百五篇者,据今所存诗而言也。所亡者,《笙诗》六篇则不数焉。今考《史记》言删诗,非也。凡曰《逸诗》,盖诗自逸尔,岂孔子删之乎?"⑤学人依据文献历史考据,通过辩证分析来支持或反对孔子删诗说。迄今为止,关于孔子删诗之说,在孔子研究和《诗经》学研究中仍是众说纷纭,尚无定论。

(二)"孔子删诗说"在今文经学中之价值

孔子删诗同西狩获麟的意义和处境非常相似,古文经学家对西狩获麟亦是诟病已久,这类问题皆以经学今古文之争为大背景。经学今古文之争在2000余年的对抗与演变中,有经学与理学、中学与西学等学问形态在保守与变革、守旧与改制、官学与私学等问题上的博弈。孔子删诗正是经学今古文之争在《诗经》学领域的起点,也是核心点。

今文经学家以孔子为素王,认为孔子整理六经,遗教后世。孔子删诗说背后的依据是孔子素王说,素王说的形成与董仲舒开启的独尊儒术这一时代政治学术风气密切相关,董子言:"臣愚以为诸不在六艺之科孔子之术者,皆绝其道,勿使并进。邪辟之说灭息,然后统纪可一而法度可明,民知所从矣。"⑥独尊儒术是汉代维持大一统中国的必然要求。周王朝礼崩乐坏,战国纷争,诸侯国各有所依,民各有所从。赢秦一统,为保证君臣上下治国思想统一,焚书坑儒,由于操之过急,法制过严,国致剧灭。汉代若要保证一统局面,需要宽厚仁慈的思想学说以统一天下,于是才有了"罢黜百家、独尊儒术",董仲

---

① 司马迁:《史记》,北京:中华书局,1959年。
② 班固:《汉书》,北京:中华书局,2012年。
③ 孔颖达:《毛诗正义》,北京:北京大学出版社,2000年。
④ 朱熹:《朱子全书》,朱杰人、严佐之、刘永翔主编,上海:上海古籍出版社,2010年。
⑤ 简朝亮:《论语集注补正述疏》,上海:华东师范大学出版社,2013年。
⑥ 班固:《汉书》,北京:中华书局,2012年。

舒、何休等大儒皆力倡公羊学。春秋公羊学中诸多思想也在这一政治形势下应运而生，大一统、王鲁说、以春秋当新王，为汉室立法，为万世立法。史家司马迁亦受到影响，在《孔子世家》中主张孔子删诗说，认为孔子删诗立教，垂法后世。

今古文经学之争是经学时代的争论，我们身处现代，需要抛弃简单的今古文之争，走出作为今古文经学之争一隅的孔子删诗说，即并不一定要追求定论，无论删还是没删，《诗经》的篇章格局就摆在我们面前，2000多年的诗教也摆在我们面前。对今日的研究者而言，从编纂语境以及后世注疏中，厘清诗教的演变脉络，并提出有益于当下教育和政治的意见更为重要。

三、"思无邪"义辨

（一）毛诗学视野下的"思无邪"

"思无邪"出自《鲁颂·駉》篇，诗序曰："《駉》，颂僖公也。僖公能遵伯禽之法，俭以自用，宽以爱民，务农重谷，牧于坰野，鲁人尊之，于是季孙行父请命于周，而史克作是颂。"[1]入春秋以来，鲁国君位继嗣始终不能得正，隐代桓立，终为桓所弑，桓公无王而行，庄公薨，子般、闵公先后为庆父所弑，鲁国生死危亡，齐国协立僖公，季友辅佐，鲁国终于安定下来。《春秋公羊传》对僖公亦多有褒扬，十年，春，王正月，公如齐。何休解诂曰："月者，僖公本齐所立，桓公德衰见叛，独能念恩朝事之，故善录之。"[2]十六年，秋，七月，甲子，公孙慈卒。何休曰："日者，僖公贤君，宜有恩礼于大夫，故皆日也。一年丧骨肉三人，故日痛之。"[3]僖公在位达三十三年，国治民安，数与大国交接，完全改变了春秋初隐、桓、庄、闵由君位继嗣的不稳定导致的鲁国存亡困境。在这样的历史背景下，《駉》篇诗旨在赞颂僖公能"遵伯禽之法，俭以自用，宽以爱民，务农重谷，牧于坰野"，整篇诗都在描述僖公之马肥壮有力，种类丰富齐备。在汉唐诗经注疏传统中，思无疆、思无期、思无斁、思无邪之思通常解释为思念、思虑。思无邪，思马斯徂，郑玄笺云：徂，犹行也。思遵伯禽之法，专心无复邪意也。牧马使可行走。[4]

齐、鲁、韩三家诗对思无邪的解释并未流传下来，大概将思无邪解释为思遵正法、无

---

① 孔颖达：《毛诗正义》，北京：北京大学出版社，2000年。
② 何休：《春秋公羊传注疏》，北京：北京大学出版社，2000年。
③ 何休：《春秋公羊传注疏》，北京：北京大学出版社，2000年。
④ 孔颖达：《毛诗正义》，北京：北京大学出版社，2000年。

有邪意已经成为诗经注疏传统中的正解,于是,王先谦亦曰,上思,思虑,下思,语词。[①]
思无邪者,思之真正,无有邪曲。[②]

(二)《论语》"思无邪"之断章取义

孔子在《论语》中断章取义,用思无邪概括诗经总旨,即思之纯正、无有邪意。自汉代起,思无邪在《论语》注疏传统中就被视作断章取义。一是因为赋诗言志、断章取义的传统在汉代仍有一定影响;二是因为观"思无邪"章在《论语·为政》中的位置,前后两章皆言以德礼来为政治民;三是因为汉室统治需求,要求诗教引导百姓性情归于正。在为政以德的语境中,注疏者们自然会把"思无邪"章放在道德礼义的层面来解释,这就把思无邪视为断章取义。

在经学昌明、诗教化行的时代里,将思无邪放在道德礼义层面视为断章取义似乎是论语注疏者的共识。《别解》载郑氏《述要》:"无邪字在《诗·駉》篇中,当与上三章无期、无疆、无斁义不相远,非邪恶之邪也。《集传》于此篇序语曰:僖公牧马之盛,由其立心之远。"[③]至清代考据训诂学大兴,《项氏家说》曰:"思,语辞也。用之句末,如不可求思、不可泳思、不可度思、天惟显思;用之句首,如思齐大任、思媚周姜、思文后稷、思乐泮水,皆语辞也。说者必以为思虑之思,则过矣。"[④]思无邪之思在《鲁颂·駉》篇中为句首发语词,于省吾在《泽螺居诗经新证》中也说道:"思无疆,思无期,思无斁,思无邪,应为通例。无已,无算,无数,无边,同义。言鲁侯马匹之多,在草原上无边无际。"今日研究者多有将思无邪之思解释为句首发语词,以为思无邪就是讲诗经三百篇无所不有、包罗万象、内容充实、丰富多彩,也有研究者认为,思无邪指学诗人从中得到的启示和教育深远广大无边无际。杨伯峻则反对这类观点,其曰:"思无邪一语本是《诗经·鲁颂·駉》篇之文,孔子借它来评价所有诗篇。思字在《駉》篇本是无义的语首词,孔子引用它却当思想解,自是断章取义。俞樾《曲园杂纂·说项》说这也是语词,恐不合孔子原意。"[⑤]种种观点,皆是现代对思无邪章的理解视角。诗三百所涉内容无所不包,这是肯定的,如欧阳修所言:"盖诗述商周,自《生民》《玄鸟》,上陈稷、契,下迄陈灵公,千五六百岁之间,旁及列国君臣世次,国地山川,封域图牒,鸟兽草木鱼虫之名,与其风俗善恶,方言训诂,盛衰治乱,美刺之由,无所不载。"但若完全以此来附会解说"思无邪"章本旨似乎并不能彰显孔子

---

① 王先谦:《诗三家义集疏》,北京:中华书局,1987 年。
② 王先谦:《诗三家义集疏》,北京:中华书局,1987 年。
③ 程树德:《论语集释》,北京:中华书局,1990 年。
④ 程树德:《论语集释》,北京:中华书局,1990 年。
⑤ 杨伯峻译注:《论语译注》,北京:中华书局,2006 年。

诗教的深意。

汉代包咸曰："蔽,犹当也。思无邪,归于正也。"①皇侃曰:"一言谓思无邪也。蔽,当也。《诗》虽三百篇之多,六义之广,而唯用思无邪之一言以当三百篇之理也。犹如为政,其事乃多,而终归以德不动也。思无邪者,此即诗中之一言也。言为政之道,唯思于无邪,无邪则归于正也。"②朱子在宋明理学的思维方式中,以性情来解思,"蔽,犹盖也。思无邪,《鲁颂·駉篇》之辞。凡诗之言,善者可以感发人之善心,恶者可以惩创人之逸志,其用归于使人得其性情之正而已。然其言微婉,且或各因一事而发,求其直指全体,则未有若此之明且尽者。故夫子言诗三百篇,而惟此一言足以尽盖其义,其示人之意亦深切矣。程子曰:思无邪者,诚也。"③朱熹认为,诗经中存在大量淫奔之诗,与无邪标准不相符合。后儒受朱子影响,情性之说大兴。蔡节曰:"三百篇之诗虽有美刺之不同,然皆出于情性之正也。夫子以思无邪一言尽盖三百篇之旨,可谓深探诗人之心矣。"④蔡清曰:"凡诗之言善者,可以感发人之善心,固所以使人思无邪也;恶者可以惩创人之逸志,亦所以使人思无邪也。"⑤钱穆在《论语新解》中也说道:"学者必务知要,斯能守约。本章孔子论诗,犹其论学论政,主要归于己心之德。孔门论学,主要在人心,归本于人之性情。学者当深参。"⑥孙钦善以为:"思无邪,孔子借用来评价《诗》思想内容的纯正。按《诗》的思想内容并全都符合贵族的礼义,其中有不少大胆表露爱情和反对压迫的诗作,但经过孔子整理,在主题上加以曲解,横生出善者美之,恶者刺之得美刺说,于是通通变成可施于礼义的了。这样,思无邪的总体评价便产生出来。"⑦孙说是现代启蒙后的学人们对中国传统解释的一种典型倾向。今人研究"思无邪"篇,为求新意,得出作诗人思无邪还是读诗人思无邪的区分,更有甚者,遍寻典籍,训思为使,以之为使动用法。种种新论,与诗教本旨稍有偏颇。

在经学今古文之争的传统里,在现代启蒙的传统里,古今学者对思无邪章的注疏解释各取一隅,种种观点亦各有其合理性。以此为基础,我们需要加以辨析,获取孔子诗教对启蒙后的现代人的有益之处。

① 皇侃:《论语义疏》,北京:中华书局,2013年。
② 皇侃:《论语义疏》,北京:中华书局,2013年。
③ 朱熹:《四书章句集注》,北京:中华书局,2007年。
④ 高尚榘:《论语歧解辑录》,北京:中华书局,2011年。
⑤ 高尚榘:《论语歧解辑录》,北京:中华书局,2011年。
⑥ 钱穆:《论语新解》,北京:九州出版社,2011年。
⑦ 孙钦善:《论语本解》,北京:生活·读书·新知三联书店,2013年。

四、情志与政治

（一）情志与诗教

《春秋繁露·玉杯》篇："诗道志，故长于志。"苏与义证云："诗言志，志不可伪，故曰质。"①南朝刘勰《文心雕龙·明诗》曰："诗者，持也，持人情性。三百之蔽，义归无邪，持之为训，有符焉尔。"②司马迁曰："《诗》，记山川、溪谷、禽兽、草木、牝牡、雌雄，故长于风。"③《诗经》由自然风物起兴人类情感，以人类情感之质为起点展开治世政教之文，敞开无所不包的场域和世界，忠恕恻隐、伦理大义皆可在其中展开。

诗道志，故长于志，志与性情、情质关联，是质的一面。个人情性是其最原本、最质朴、最易显现的部分，人际沟通以各自性情为基底；人际交流中由情质生出风俗，风俗体现着族群性情，伦理政教正以族群性情为基底。人与人之间性情相交导向最天然、最根本、最直接的关系——情，君臣之情、父子之情、朋友之情、男女之情、邻里之情、恻隐之情，情是仁、义、礼、智、信得以展开的场域，礼、乐、政、刑皆以性情为质地。周王朝以礼乐治国，诗是礼乐的载体，孔子曰："志之所至，诗亦至焉；诗之所至，礼亦至焉；礼之所至，乐亦至焉。乐之所至，哀亦至焉。哀乐相生。"④《诗经》原本就是乐之辞章，是乐进入人心的言语媒介。《诗》言志，显现人的情质，人情各有不同，故须以礼来规范人与人的交通，形成圆融和谐的关系，以乐来保持这种关系，世代不息。先王政教以诗为开端，由此而兴，才能立于礼、成于乐。

（二）诗教与政治

"思无邪"章位于《论语·为政》开篇处，前后各言以德为政，在道德礼义的语境中谈及思无邪，论语编纂者们绝非无意为之。邢昺《论语注疏》："此篇所论孝敬信勇，为政之要也。"⑤孝、敬、信、勇正是人际交通以情质为土地的果实。皇侃曰："为政者，明人君为风俗政之法也。"⑥又曰："德者，得也。言人君为政，当得万物之性，故云以德。故郭象

---

① 苏与：《春秋繁露义证》，北京：中华书局，1992 年。
② 刘勰：《文心雕龙》，王志彬译注，北京：中华书局，2012 年。
③ 司马迁：《史记》，北京：中华书局，1959 年。
④ 孔颖达：《礼记正义》，上海：上海古籍出版社，2008 年。
⑤ 皇侃：《论语义疏》，北京：中华书局，2013 年。
⑥ 皇侃：《论语义疏》，北京：中华书局，2013 年。

曰:外物皆得性谓之德。夫为政者奚事哉?得万物之性,故云德而已也。"①为政以德,即是得万物之性,而后以为政。万物之性正则德正,德正则政达。《诗经》所载诗篇行教万物,性归于正。这正是诗教在政治中的位置。由思无邪观《诗经》,思想、情志归于正,思无邪则仁、义、礼、智、信得以展开,礼、乐、政、刑得以施行。思无邪流露出情质的纯正质朴天然,如清风化雨般滋润人心,这是为政道德的载体,也是礼乐教化得以展开的土地。皇侃曰:"言为政之道,唯思于无邪,无邪则归于正也。"②

孔子曰:"入其国,其教可知也。其为人也,温柔敦厚,诗教也。疏通知远,书教也。……"③孔颖达疏曰:"观其风俗,则知其所以教。温谓颜色温润,柔谓情性和柔。《诗》依违讽谏,不指切事情,故云温柔敦厚是《诗》教也。"④颜色温润、情性和柔,皆归于人的情质层面。马一浮曰:"《论语》中凡答问仁者,皆诗教义也。"⑤又曰:"故圣人始教以《诗》为先,《诗》以感为体,令人感发兴起,必假言说,故一切言语之足以感人者,皆诗也。此心之所以能感者,便是仁,故《诗》教主仁。"⑥正谓此。

情质是人际交通最直接的场域,若情质归于正,则近仁矣。《论语》中多言及仁,有子曰:"君子务本,本立而道生。孝弟也者,其为仁之本与!"⑦孝乃为仁之本,人生在世,最直接、最本质的情感便是父母亲情,处理好以天然血缘关系为基础的亲情,谨行孝道,才能保证处理好以其他情质为基础的关系。故曰,孝乃为仁之本。仁德是以情质为基底的道德的集中体现。另有义、礼、智、信皆以情质为基底,通向仁德,亦需要礼乐的相辅相成。《论语·为政》首章言为政以德,三章言道之以德、齐之以礼,与二章的诗三百思无邪所开辟的广袤情质紧密关联。

诗教首先教化个体和群体以温柔敦厚之德,而又不仅仅止于对个体和群体德行的教化。诗教的教化作用亦是一种政教,上以风化下,受诗教风化的百姓,温柔敦厚而不愚,下以风讽上,亦可参与到政教过程中,古时设采诗之官的目的正在于此。由此形成一种君民良性互动关系,是君主,也是民主,君民所共主的是以仁德为基础的伦理政治德性。子禽问于子贡曰:"夫子至于是邦也,必闻其政,求之与?抑与之与?"子贡曰:"夫子温良恭俭让以得之,夫子之求之也,其诸异乎人之求之与?"⑧由此来看,在六经政教体系中,

① 皇侃:《论语义疏》,北京:中华书局,2013年。
② 皇侃:《论语义疏》,北京:中华书局,2013年。
③ 孔颖达:《礼记正义》,上海:上海古籍出版社,2008年。
④ 孔颖达:《礼记正义》,上海:上海古籍出版社,2008年。
⑤ 马一浮:《复性书院讲录》,济南:山东人民出版社,1998年。
⑥ 马一浮:《复性书院讲录》,济南:山东人民出版社,1998年。
⑦ 朱熹:《四书章句集注》,北京:中华书局,2007年。
⑧ 朱熹:《四书章句集注》,北京:中华书局,2007年。

诗教处于最开始的位置。故六经以《诗经》为首,政教当以诗教为首。

诗教由性情导向德性,由德性导向政治。孔门四科,德行、言语、政事、文学,正是以诗教为中心展开的。张须在《论诗教》中曰:"孔门列德行、言语、政事、文学为四科,此四者皆具有绝大之实际性。文学所包,诗教为大,他三事亦皆为诗教之一环。子曰:《诗》可以兴,可以观,可以群,可以怨。又曰:诵《诗》三百,授之以政,不达;使于四方,不能专对。虽多,亦奚以为?所谓观者,政事上事,盖能观列国之政治而知其得失,则可授之以政而能达矣。……所谓兴,所谓群与怨,则德行上事。温柔敦厚、发情止义,是成教之大者。至于使于四方云云,斯又与言语相通。"①我们从《论语》章节中可洞察诗教与孔门四科的这一微妙关系。前文已经论及诗教与《论语》中以仁为中心的德性的关系,即诗教指向情质,情质是德性的场域,仁作为德性之大者,为诗教所本。于是,诗教的第一步是德行之教,德性乃德行之基础,孔门之德行之教必然要从诗教中汲取营养。诗教与孔门之言语科有何关联呢?"陈亢问于伯鱼曰:子亦有异闻乎? 对曰:未也。尝独立,鲤趋而过庭,曰:学诗乎? 对曰:未也。不学诗,无以言。鲤退而学诗。他日又独立,鲤趋而过庭,曰:学礼乎? 对曰:未也。不学礼,无以立。鲤退而学礼。闻斯二者。陈亢退而喜曰:问一得三,闻诗,闻礼,又闻君子之远其子也。"②不学诗,无以言。朱子注曰:"事理通达,而心气平和,故能言。"③从质上来看,诗教使人温柔敦厚、事理通达、心气平和,良好的性情是言语、交接的基础。从文上来看,春秋时期,《诗经》是官方言语的宝库,诸侯大夫会盟约誓、士庶人聘问交接皆常引诗,断章取其义。然言语又以政事为目的,子曰:"诵诗三百,授之以政,不达;使于四方,不能专对,虽多,亦奚以为。"④诗经与言语之教相关,且诗教要通达言语,颂诗三百并不意味着言语的教成,只是言语的基础,言语只是政事的基础,言语与政事又归本于德行。孔子对《诗经》总纲的提挈被置于《为政》篇首,也可看出诗教与政事的关联。吴小锋曰:"孔子四科为德行、言语、政事、文学,其顺序颇值得注意:德行是后三者的基础,列在最先;言语必须以德行为基础,可比较'巧言令色鲜矣仁'(《学而》);政事必须以德行和言语为基础,因为'不学诗、无以言'(《季氏》),文学必须以德行、言语、政事为基础,文学乃是前三者的集成,以德行为根基,以言语为用,并深切理解政事,方可言文学。"⑤孔子整理六经形成文学一科,《诗》正是文学的一种,诗教是孔子文教的第一步。可见,诗教与孔门四教之密切相关。

① 刘小枫、陈少明:《苏格拉底问题》,北京:华夏出版社,2005 年。
② 《论语·季氏第十六》。
③ 班固:《汉书》,北京:中华书局,2012 年。
④ 朱熹:《四书章句集注》,北京:中华书局,2007 年。
⑤ 吴小锋:《〈论语〉中的文章与文学》,《同济大学学报(社会科学版)》,2013 年第 1 期,第 81 页。

五、结　语

　　诗言志，志不可伪，故长于质。春秋时期，学诗以言，不仅是学习断章取义的词句，也是涵成事理通达、心气平和的性情，更是借《诗》在交往对答中回归最质朴的性情层面。人与人之间的交流一旦涉入性情、融通情感，其关系自然会深入一层。国与国之间也是如此。春秋时期，诸侯大夫会盟约誓时常引《诗》，断章取其义，其背后的支撑正在于此。以礼相交，以《诗》为言，诸侯国之间得以在严肃繁琐的礼节中回归最质朴的性情层面，文质彬彬，如此一来，约誓会盟才尽可能趋向成功。实际上，《诗》作为交际言语，不过是人与人之间交际的纽带，你一言，我一语，融洽相对，共同归向先王圣典，先王圣典中所彰显的德性成为诸侯交际的大场域，也是交际得以取得效果的保障。

　　孔子用思无邪概括《诗》三百，意在通过诗的质性一面行教于民。让民众回归质朴，这是古代政治的关键。孔子诗教与《论语》中孔门四教密切关联，诗教所彰显的质性是德行、言语、政事、文学的基础。诗教是六经之教的开端。《诗》采于民间，经过整理注疏，又行教于民间。子曰："小子！何莫学夫《诗》?《诗》，可以兴，可以观，可以群，可以怨，迩之事父，远之事君。多识于鸟兽草木之名。"[1]兴、观、群、怨，事父事君，诗教的教化价值正集中体现在这里。

_____

　　① 朱熹：《四书章句集注》，北京：中华书局，2007年。

专论：共同富裕研究

走向新时代共同富裕

实现共同富裕是中国人民的共同期待,是社会主义建设的重要目标,也是改革开放的初衷。我国之所以施行改革开放政策,根本目的就是解决当时人民日益增长的物质文化需要同落后的社会生产之间的矛盾,以先富带动后富,最终实现共同富裕。将共同富裕作为我国社会建设和发展的价值目标,无疑有着历史的规定性。而在不同的社会阶段,共同富裕又被赋予了特定的时代内涵,呈现出具有时代特征的伦理面貌。

一、为何要以共同富裕为价值导向

在实现共同富裕的过程中,我们必然首先要回答基础性的问题——社会为何要以共同富裕为价值导向?

首先,对共同富裕的追求是我国传统政治文化的重要组成部分。德性政治是我国传统政治文化的突出特点。回顾我国的历史,政治生活是紧密围绕道德价值而展开的。从周代开始,人们就开始对政治合法性进行深刻的反思。虽然当时人们将政治合法性置于自然主义基础之上——认为统治者之所以能够占据王位是因为承载了天命,但也开始追问为何有的统治者会遭受被推翻的命运。最终,人们提出了"以德配天"的命题,即便某些人承担了天命,但由于暴戾失德,无法与天命相配,所以只能走向灭亡。以德性匹配天命,由此成为重要的政治要求,德性也成为政治合法性的主要依据。那么政治德性通过什么予以表现呢?于是就产生了另一个关键的命题——"敬德保民"。在此,"保民"并不只具有工具性的价值、仅是"敬德"的过程和实现手段,而是与"敬德"相辅相成、内在统一。朱贻庭先生在阐述"敬德保民"时引用了《梓材》中的一段话——"今王惟曰:'皇天既付中国民越厥疆土于先王,肆王惟德用,和怿先后为迷民,用怿先王受命。已!若兹监'。惟曰:'欲至于万年,惟王子子孙孙永保民'"①。这句话意味着要使统治能够长久延续下

---

*　作者简介:周谨平,中南大学公共管理学院副院长、教授、博士生导师。

本文系湖南省哲学社会科学基金青年项目"机会平等视域下的复合型分配正义研究"(项目编号:16KBQ007)的研究成果。

①　朱贻庭:《中国传统伦理思想史》,上海:华东师范大学出版社,2003年。

去,就必须"永永远远治理好广大民众"①。"惠民"则是治理最重要的环节。让民众过上有保障的生活、在生活中得到关爱,消除民怨成为治民的主要政策。孔子则强调要对民施以仁政,他曾因为遇到不堪苛捐杂税之苦的民众痛斥"苛政猛于虎也"。孟子在与梁惠王的对话中严格区分了王道与霸道。所谓王道,就是通过让民众过上富足的生活而得到人民的支持、爱戴,使百姓心悦诚服地接受统治。孟子勾画了一幅富足和谐的社会图景——"不违农时,谷不可胜食也。数罟不入洿池,鱼鳖不可胜食也。斧斤以时入山林,材木不可胜用也。谷与鱼鳖不可胜食,材木不可胜用,是使民养生丧死无憾也。养生丧死无憾,王道之始也。五亩之宅,树之以桑,五十者可以衣帛矣。鸡豚狗彘之畜,无失其时,七十者可以食肉矣。百亩之田,勿夺其时,数口之家,可以无饥矣。谨庠序之教,申之以孝悌之义,颁白者不负戴于道路矣。"②让民众过上富宁生活,成为我国传统政治的重要价值理想。

其次,共同富裕是我国社会主义的本质要求。追求人民的共同富裕是社会主义制度的重要标志。如马克思主义所分析,资本主义内含着剥削关系,掌握资本的阶层具有组织社会生产的能力,而无产阶级除了出卖自己的劳动力别无选择。在这一过程中,劳动与劳动成果相分离,资产阶级无偿占有剩余价值,而劳动者则只能挣扎在生活的边缘,导致劳动的异化。脱胎于资本主义的自由主义无疑占据着西方世界的主导地位。自由主义看似维护人的自由,强调所有社会成员应该平等享有社会机会,但原生运气的差别则成为横亘在富人与穷人之间的巨大沟壑。看似站在平等起点的社会成员实际上由于肤色、民族、家庭条件、成长环境的差别而显现出巨大的差异。罗尔斯、阿玛蒂亚·森、纳斯鲍姆等学者对此都予以了深刻反思,他们看到任何机会都需要能力的支撑。按照自由主义,特别是古典自由主义的逻辑,任由人们凭借天赋、运气、能力在市场机制中获取资源而不对市场结果进行再分配,那么处于社会不利地位的人就很难得到丰沛的资源、改变自己的命运。阶层固化已成西方社会的顽疾。

与此相反,社会主义制度的产生就建立在对资本主义的反思之上,将消灭剥削关系、实现人与人之间的实质平等作为根本价值目标。马克思敏锐观察到资本主义分配方式与作为主体的人的脱离,指出理想的分配方式应该是"各尽所能、按需分配",将人的需要作为社会资源分配的标准。让人民都享有丰足的生活,真正实现人的自由全面发展是社会主义制度的最终目标,也是社会主义制度优越性的集中体现。

最后,实现共同富裕是我国改革开放的初衷。我国改革开放政策所解决的根本矛盾

---

① 朱贻庭:《中国传统伦理思想史》,上海:华东师范大学出版社,2003年。
② 《孟子·梁惠王(上)》,万丽华、蓝旭译注,北京:中华书局,2006年。

是当时人民日益增长的物质文化需要同落后的社会生产之间的矛盾。在改革开放初期，我国经济尚处于起步阶段，因此不具备实现共同富裕的物质条件。正因如此，必须采取让部分人先富起来、先富带动后富，最终实现共同富裕的策略。经过40多年的改革开放，我国经济已经取得了举世瞩目的伟大成就，成为世界第二大经济体，在世界经济领域产生越来越重要的影响。在中国特色社会主义建设迈入新时代之际，脱贫攻坚取得了决定性胜利，我国全面建成小康社会，为共同富裕做好了充分准备。

新时代我国社会的主要矛盾发生了根本性的转变，党的十九大报告明确指出："中国特色社会主义进入新时代，我国社会主要矛盾已经转化为人民日益增长的美好生活需要和不平衡不充分的发展之间的矛盾。"①对于社会新矛盾的论述充分表明，我国综合国力和人民生活水平上升到了新的水平。一方面，国民经济总体实力的大幅提升让我们解决了生产不足的缺陷，反而出现了产能过剩的现象；另一方面，随着人民生活的改善，人民对于生活产生了新的期待、新的追求。在整体解决人民温饱问题的今天，人们开始注重生态环境、注重生活品质、注重生命质量。但是，我国依然面临地区发展不平衡、群体收入存在较大差异的问题。

二、新时代共同富裕的伦理内涵

中国特色社会主义建设迈入了新的时代，开启了新的篇章。新时代共同富裕也被赋予了新的内涵，彰显出独特的时代伦理精神。

首先，新时代共同富裕凸显共享理念。党的十八届五中全会第二次全体会议中明确提出了创新、协调、绿色、开放、共享五大发展理念，共享作为五大发展理念的有机组成部分，是充分体现社会主义本质和共产党宗旨、科学谋划人民福祉和国家长治久安的重要发展理念。共享意味着所有社会成员应该公平地分享社会发展成果。在物质财富日益丰富的今天，如何分配社会资源成为维持社会稳定、繁荣的关键问题。市场依然是当前社会占据主导地位的资源分配机制。市场的竞争性决定了由它所带来的分配结果不可能同等程度满足所有社会成员的诉求。人们在知识、技术、心理甚至运气层面的差别都会深刻影响市场的结果。虽然市场具有程序正义的特质，也向所有人敞开了机会的大门，但未必能保证实质的正义。共同富裕意味着，我们应该适当对市场结果加以调整，让

---

① 习近平：《决胜全面建成小康社会 夺取新时代中国特色社会主义伟大胜利——在中国共产党第十九次全国代表大会上的报告》，北京：人民出版社，2017年。

市场创造和积累的财富惠及所有社会成员。

　　基于共享理念的共同富裕要求在社会中形成互利互惠的共同合作体系。自由主义将人视为原子式存在的个体,过分强调个人利益,从而造成人际、人与社会之间的紧张。共同富裕则谋求不同社会群体之间的相互认同、相互关怀,在人与人之间搭建相互关怀的桥梁。人的自我实现离不开他人和社会的支持,个人成功的背后是社会制度、社会环境的助力。在社会中生活的每一位个体都享受制度以及社会整体生态的红利。因此,在社会生活中,我们不但要关切自我需要,优化个人利益,还要顾及利益相关者,特别是关照处于社会不利地位群体的福祉。在社会资源分配中,我们要适度向处于社会不利地位群体倾斜,为他们迎接富裕生活创造基本条件与机会。这就要求社会要积极引导先进知识、技术、社会财富从发达地区向不发达地区、从经济优势群体向经济困难群体的流动。

　　其次,新时代共同富裕意味着对原生运气的消解。要实现共同富裕,我们就必须保证所有社会成员都具有实现富裕的机会与能力。机会与能力息息相关,任何机会在某种意义上都依赖于能力的支撑。阿玛蒂亚·森曾细致考察了 20 世纪 40 年代发生在印度的饥荒,他惊奇地发现当时印度饥荒的发生并非源自粮食的不足,而是由于普通民众缺乏对于粮食的可得能力。可以想象,如果有两个小孩,其中一位享受到优质的学校教育,另一位虽然也进入学校学习,但由于家庭和环境原因,所入读的学校缺乏基本的教学条件、师资匮乏,那么当他们一起面对高考时,前者无疑占有优势。后者即便面对公平的机会——同样的考试,却缺乏把握机会的能力。造成能力差别的原因是多样的。有的源自人们不同的生活观念、生活态度——有些人偏好闲散的生活方式或者在接受教育过程中没有用心投入、努力刻苦;有的则受到原生运气的限制、阻碍——有些人因为出生在低收入家庭而无法全面发掘自己的天赋,或者生活在文明程度较低的社区,包括家长在内的交往对象普遍漠视教育,甚至有的邻居有不良生活习气。

　　显然,与个人努力程度相关的因素是个人可以自己控制的,由此所产生的结果与自我选择间形成因果关系,需要个人为此承担责任。但原生运气则超出个人选择之外,不是人们可以掌握的。如果我们要求人们为完全不受自我控制的因素付出代价,有违我们的道德直觉,也难获得道德正当性。共同富裕要求我们必须通过制度安排填补原生运气的沟壑,为所有人的自我发展提供坚实的社会基础。当然,对于个人的发展而言,如何区分哪些结果受制于原生运气、哪些结果由个人可控因素产生是非常困难的。但是,我们可以较为容易地判断那些为所有社会成员共同需要的公共益品,比如基础教育、医疗卫生、公共交通等。让人民享受同等质量的社会服务、社会保障是共同富裕的应有之义。

　　最后,新时代共同富裕建立在对劳动的尊重之上。新时代的共同富裕不是平均主义,而是建立在对劳动的充分尊重之上。从现实的角度而言,我们仍然处于通向共产主义的过程之中,社会资源未达到能够完全按需分配的程度。因此,社会资源分配的差异在所难免。关键在于,如何让资源分配满足正义的要求。持有正义是正义的有机组成部分,意味着只要人们以正当手段所获得的资源都应受到社会的承认、肯定,并且得到制度的维护。不可否认,人们的生活态度、人生志向都存在差别,人们在自我实现、服务社会中的努力程度也千差万别。平均主义看似平等地分配了社会资源,但实质上强行抹平了人们之间的合理差异,为不劳而获创造了条件。一方面,平均主义从长远看来必将挫伤勤奋者的积极性,降低社会效率,不利于社会主义建设;另一方面,平均主义侵犯了人们的应得利益,对于那些心怀大志、努力奋斗的群体有失公平。党的十九大报告明确提出"加快完善社会主义市场经济体制"的战略任务,要"实现产权有效激励、要素自由流动、价格反应灵活、竞争公平有序、企业优胜劣汰"。其核心在于依然发挥市场机制在资源配置中的决定性作用,提高经济效率,维护人民的正当利益,鼓励按劳动分配社会资源。

从权利的角度而言,人们都享有自由劳动的权利。这意味着人们有权利自由选择职业、选择从事的劳动方式,人们也必须为自由选择担负责任,接受选择的结果。共同富裕的要义在于:其一,满足劳动意愿,创造劳动机会。劳动机会是实现劳动权利的前提,我国自古就有"授人以鱼不如授人以渔"的古训,创造就业机会,让人们能够凭借自己的双手创造财富、获取资源,无疑是迈向共同富裕的主要进路。这就是为什么社会重视就业问题,将实现完全就业作为发展目标的伦理原因。其二,消除劳动异化、尊重劳动所得。资本主义形成了扭曲的劳动关系,劳动与劳动成果相分离,最终导致劳动者与劳动成果之间的巨大张力。马克思揭示出,在资本主义剥削关系下,劳动者陷入了一种悖论,即自己越是辛勤劳动,资本所有者攫取的剩余价值就越高,有产者与无产者的财富差距就越大,从而产生"悖论性贫困"。[1] 共同富裕则要求将劳动者从"悖论性贫困"中解脱出来,实现劳动与劳动成果的统一,"工人越是劳动,他获取的财富就越多;工人贡献越多,他就越是能够参与最终产品的价值分配;工人越是劳动,他就越能实现对美好生活的向往;工人越是劳动,他就越能在对象化世界中实现对主体的确认"[2]。不难得出结论,共同富裕非但不会侵犯人们自由劳动的权利,相反,共同富裕肯定并倡导人们在自由劳动中追求美好生活,赋予劳动成果以道德正当性。

---

[1]　高海波:《消除贫困和促进共同富裕的中国智慧——基于"资本论"反贫困理论的经济哲学解读》,《大连理工大学学报(社会科学版)》,2022年1期,第2—3页。

[2]　高海波:《消除贫困和促进共同富裕的中国智慧——基于"资本论"反贫困理论的经济哲学解读》,《大连理工大学学报(社会科学版)》,2022年1期,第6页。

三、新时代共同富裕的实现路径

实现新时代共同富裕是每一位中华儿女的期盼,也是一项复杂的系统工程。首先,要持续创新社会经济增长模式。经济增长是实现共同富裕的必要条件,蛋糕越大,人们所能分有的份额就越多,共同富裕的水平越高。我们正在经历世界百年未有之大变局,如何紧跟时代步伐,强化经济发展的创新能力,是实现中华民族伟大复兴,引领世界潮流的重大课题。新知识的产生、新技术的发展、新能源的运用都为经济发展模式创新提供了契机。改革开放初期,我国经济的高速发展更多依赖劳动力优势,但在新的世界变局中该优势面临关键技术瓶颈的巨大挑战。唯有占据知识、技术的高位,才能在日趋激烈的国际竞争中立于不败之地,实现经济的持续增长。在中国特色社会主义新时代,我们业已实现了从站起来到富起来、强起来的伟大目标,形成了促进经济改革、创新的内生动力。把握新时代契机,进一步提高社会经济效率、激发经济活力,是实现共同富裕的先决保障。

其次,要建立均等化的社会保障体系。社会保障是弥补原生运气差别,使所有社会成员都能获得真正意义上自我发展机会的重要机制。为社会成员提供公平的基础教育、医疗服务、生活救助是提高人们抗风险能力、提升生活预期、增强人们幸福感和获得感的本质要求。就教育而言,教育是培养人们综合素质的关键环节,我们都是通过教育掌握社会生活所需要的各项知识、技能,涵养公共道德,从而具备追求美好生活的能力。虽然我国长期以来全面推行义务教育,让所有社会成员都享有接受教育的权利,但教育的质量由于经济发展不平衡也表现出地域、群体的差别。不同的教育质量很大程度上决定着人们是否能够把握社会机会、追寻富裕生活。促进教育事业均衡发展,让所有人享有充足的教育资源,才能实现教育公平,进而推动共同富裕目标的实现。习近平总书记在十九大报告中将"努力让每个孩子都能享有公平而有质量的教育"作为重要时代任务。[1]

最后,要形成民主协同合作机制。共同富裕是物质富裕和精神富裕的统一,也唯有对接人们的根本需要,才能保证内部与外部的一致性,使人们切实获得美好生活体验。共同合作是共同富裕的基石,我们都以各自的方式参与社会合作体系之中,既满足自我

---

[1] 习近平:《决胜全面建成小康社会 夺取新时代中国特色社会主义伟大胜利——在中国共产党第十九次全国代表大会上的报告》,北京:人民出版社,2017年。

利益诉求,又创造社会财富、促进公共利益。社会主义强调个人与社会的统一,兼顾个人利益与社会集体利益。同理,共同富裕也具有两个层面:一是个体层面,追求所有社会成员的富足安宁;二是社会层面,追求社会整体福利的提高。所以,在社会协同合作中,要开辟有效的个人需求输入渠道,以民主的方式开展合作,使社会合作的成果顾及所有社会成员的意志、利益。当然,个人利益带有个体差异,不可能总是与他人利益、社会整体利益一致,在某些情境下也会出现张力、矛盾。通过民主协商,达成社会共识,引导人们自觉尊重、维护社会整体利益,才能有效化解矛盾、阻止冲突,维系社会的和谐稳定。

以高质量发展推进共同富裕的理论内涵与实践路径

——兼以浙江省为例

郭金喜　周　露*

实现共同富裕是社会主义的本质要求,是先贤们孜孜以求的梦想,是中国共产党坚持全心全意为人民服务根本宗旨的重要体现,是中国式现代化的重要特征。党的十八大以来,以习近平同志为核心的党中央把逐步实现全体人民共同富裕摆在更加重要的位置上。党的十九届五中全会对推进共同富裕做出重大战略部署,提出了"全体人民共同富裕取得更为明显的实质性进展"的 2035 年远景目标。继国家"十四五"规划和 2035 年远景目标纲要将浙江列为高质量发展建设共同富裕示范区后,中央公布了《中共中央　国务院关于支持浙江高质量发展建设共同富裕示范区的意见》,赋予浙江先行先试、率先示范的战略任务。中央财经委员会第十次会议上,习近平总书记进一步强调要在高质量发展中促进共同富裕。那么,我们究竟该如何理解高质量发展与共同富裕的关系? 哪些成就与经验奠定了浙江建设共同富裕示范区的基础? 新发展阶段如何以高质量发展扎实推进共同富裕? 本文结合浙江实践对相关问题进行探讨。

一、"富裕""共同"及其相互关系

探索共同富裕及其实现路径,前提在于科学理解新时代社会主要矛盾的变化,关键在于准确完整把握"富裕"与"共同"相互关系。党的十九大报告指出:"我国社会主要矛盾已经转化为人民日益增长的美好生活需要和不平衡不充分的发展之间的矛盾。"[1] 其中,"美好生活需要"涵盖了"富裕"的基本内容,"充分"代表着"富裕"的程度,"平衡"则衡量着"共同"的水平。共同富裕的基本实现,意味着通过更加充分与平衡的高质量发展,

---

*　作者简介:郭金喜,浙江师范大学马克思主义学院副教授;周露,浙江师范大学行政管理专业 2020 级研究生。

本文系国家社科基金项目"乡村文化治理的社会组织集群化生成机制研究"(项目编号:21BKS094)和浙江省社科规划项目"文化礼堂助推乡村振兴的逻辑机理与实践路径研究"(项目编号:19NDJC258YB)的阶段性研究成果。

[1]　本书编写组:《党的十九大报告辅导读本》,北京:人民出版社,2017 年。

全体人民的美好生活需要无论是在"富裕"水平上还是在"共同"水平上,得到了根本性的改善。

（一）人均国民收入和财富增长水平,是测度富裕实现美好生活需要的物质基础和首要指标

改革开放以来,我国成功开辟了中国式现代化道路,创造了一个超大规模人口不断跨越发展的经济奇迹,"在中华大地上全面建成了小康社会,历史性地解决了绝对贫困问题"①,由原来最不发达的国家之一发展成为中高收入经济体。2021年我国人均国民收入达到了12551美元,连续三年超过1万美元大关,首次超过世界平均水平。但我们也须注意到,全面消除了绝对贫困,并不自然地等同于实现了富裕。摆脱贫困逐步实现富裕,需持续冲破"贫困陷阱"与"中等收入陷阱"等一系列发展困境,达到更高更稳健的发展水平。用世界银行的标准,首先就要跨过高收入经济体的门槛,并不断向发达经济体迈进。

经济发展的"不充分",仍然是最基本的现实约束,与"达到中等发达经济水平"的远景目标和"达到发达经济体水平"的强国目标差距较大,任重道远。当前,受汇率波动等的影响,我国人均国民收入水平与高收入经济体的平均水平还有一定差距,与发达经济体的平均水平则相差更远。2020年,我国的人均国民收入仅相当于韩国(31597.5美元)的1/3、日本(40193.3美元)的1/4和美国(63206.5美元)的1/6左右。② 从人均可支配收入看,2021年全国居民全年人均可支配收入尽管达到了35128元,但低收入组、中间偏下收入组和中间收入组分别仅为8333元、18445元和29053元。也即,20%的人月可支配收入低于700元,40%的人月可支配收入低于1550元,高达60%的人月可支配收入低于2450元。③ 按第七次全国普查人口统计公报数据测算,我国月均可支配收入不足2450元的人口总量高达8.47亿人。

收入与财富的增长是富裕的基础,但全面理解"共同富裕"的"富裕",还必须超越直观而狭隘的物质财富观,与"五位一体"全面建设社会主义现代化强国相联。党的十九大报告指出:"人民美好生活需要日益广泛,不仅对物质文化生活提出了更高要求,而且在民主、法治、公平、正义、安全、环境等方面的要求日益增长。"④中央在《中共中央 国务院

---

① 习近平:《在庆祝中国共产党成立100周年大会上的讲话》,《学习活页文选》,2021年第26期,第3页。
② https://data.worldbank.org.cn/indicator/NY.GDP.PCAP.CD? view=chart。2020年高收入经济体人均国民收入为43934.5美元。
③ http://www.stats.gov.cn/xxgk/sjfb/zxfb2020/202202/t20220228_1827971.html。
④ 本书编写组:《党的十九大报告辅导读本》,北京:人民出版社,2017年。

关于支持浙江高质量发展建设共同富裕示范区的意见》中明确:"共同富裕具有鲜明的时代特征和中国特色,是全体人民通过辛勤劳动和相互帮助,普遍达到生活富裕富足、精神自信自强、环境宜居宜业、社会和谐和睦、公共服务普及普惠,实现人的全面发展和社会全面进步,共享改革发展成果和幸福美好生活。"①显然,全面的富裕,是五大领域均达到较高发展水平的富裕,那种收入上去了但"穷得只剩钱了"的富裕、那种见物不见人的增长,既与美好生活的内涵不一致,更与人的全面发展和社会的全面进步相悖。

（二）把握共同富裕的"共同",要直面发展不平衡问题,实现发展成果由全体人民共享

世界经济史表明,富裕与共同的结合并非天然。一方面,市场经济是迄今为止实现富裕最有效的手段,但它并不能自动地产生共同富裕。当市场经济和资本主义结合在一起时,富裕往往和不平等紧密相连,导致两极分化。这一现象,早已被马克思和恩格斯所深刻揭示,亦为时间和政治经济学研究反复证明。21世纪以来,无论是2008年的全球金融危机还是当下的新冠肺炎疫情冲击,资本主义体系都进一步加剧了全球范围和发达资本主义国家内部的贫富分化与社会矛盾。另一方面,过于强调"共同"大概率导致效率的损失,致使一些国家和地区长期困于贫困陷阱或由相对富裕返回贫困。前者如计划经济体制下的社会主义国家,后者如查韦斯治下的委内瑞拉。以市场经济驱动共同富裕,需要有别于资本主义的制度安排,在高质量发展的动态平衡中更好地处理好效率与公平的关系。

当前,我国居民的收入基尼系数仍高达0.465。② 2021年,按全国居民五等份收入分组,低收入组人均可支配收入8333元,高收入组人均可支配收入85836元,高收入组别是低收入组别的10.3倍,比2020年略高;从城乡差距看,城镇居民人均可支配收入47412元,农村居民人均可支配收入18931元,城市是乡村2.5倍,农村居民人均可支配收入仅相当于中间收入组的65.16%;③从区域差距看,浙江农村居民人均可支配收入是四川农民的2倍多。④ 值得注意的是,在这些直观的收入差距背后,还隐藏着较大的基本公共服务水平、人类发展指数、数字化能力与发展机会等的不平衡,乡村依然是实现共同富裕最大的短板和最繁重最艰巨的任务。在"富裕"的过程中追求"共同",需要更大的政

① 中共中央、国务院:《关于支持浙江高质量发展建设共同富裕示范区的意见》,《今日浙江》,2021年第11期,第4页。
② 李实:《共同富裕路上的乡村振兴:问题、挑战与建议》,《兰州大学学报(社会科学版)》,2021年第3期,第38页。
③ http://www.stats.gov.cn/tjsj/zxfb/202102/t20210227_1814154.html。
④ http://tjj.zj.gov.cn/art/2022/2/24/art_1229129205_4883213.html。

治决心、技巧与毅力,着力将差距控制在一个相对合意的水平,实现更高水平的均衡、协调和可持续发展。

二、高质量发展推进共同富裕的浙江探索

发展是解决我国一切问题的基础和关键。[1] 化解新时代社会主要矛盾,必须通过高质量发展来破解不平衡不充分发展的难题。高质量发展是能够很好满足人民日益增长的美好生活需要的发展,是体现新发展理念的发展,是实现共同富裕的前提基础和必然路径。[2] 浙江是中国革命红船起航地、改革开放先行地、习近平新时代中国特色社会主义思想重要萌发地,承担"新时代全面展示中国特色社会主义制度优越性的重要窗口""共同富裕示范区"等重要国家战略任务,由浙江实践管窥中国特色社会主义共同富裕道路的探索,对厘清高质量发展、社会主要矛盾变化和实现共同富裕的内在关联与实践路径,具有积极意义。

浙江之所以成为全国首个"共同富裕示范区",关键在于其既较好地实现了"富裕"又较好地解决了"共同"问题,具备示范区建设的基础、优势、发展空间和潜力。[3]"全面富裕"方面,2019年浙江建成全国第一个生态省;2020年浙江人均GDP达到1.46万美元,为全国平均水平的1.4倍;居民人均可支配收入52397元,为全国平均水平的1.63倍;城乡居民收入分别连续20年和36年位居全国各省区第一位,所有设区市居民收入都超过全国平均水平;国民文化素质和主要健康指标优于全国、达到世界中上水平;群众安全感满意率连续17年居全国前列,被认为是最具安全感的省份之一。"共同"程度上,2020年城乡收入倍差为1.96,最高最低市收入倍差为1.67,按五等份收入分组最高组是最低组的5.31倍,均大幅度低于全国平均水平。[4] 2021年,浙江共同富裕建设进一步显现,人均GDP达1.75万美元、城乡居民人均可支配收入继续领先全国各省区、城乡收入倍差连续9年下降至1.94、全体居民人均可支配收入最高地区与最低地区的倍差缩小至1.61倍。[5]

浙江之所以有共同富裕成功实践的根本,在于其始终坚持以人民为中心,从实际出

---

① 本书编写组:《党的十九大报告辅导读本》,北京:人民出版社,2017年。

② 本刊编辑部:《新发展阶段促进共同富裕的战略擘画》,《求是》,2021年第20期,第14页。

③ 叶慧、邵玩玩:《奋力推进建设共同富裕美好社会的伟大实践——中共浙江省委十四届九次全会综述》,《今日浙江》,2021年第11期,第22页。

④ 罗斌:《砥砺奋进百年路 矢志不渝共富梦》,《统计科学与实践》,2021年第7期,第10—13页。

⑤ http://tjj.zj.gov.cn/art/2022/4/21/art_1229129214_4915328.html。

发,持续弘扬"干在实处、走在前列、勇立潮头"的精神,不断深化改革创新,较早地探索出了"有效市场＋有为政府＋活力社会"省域高质量发展道路与模式。

（一）有效市场是浙江高质量发展逐步实现共同富裕的第一动力

改革开放以来,浙江不断探索完善社会主义市场经济体制,不断提升"民营经济＋专业市场＋产业集群"叠加效应,持续催生新产业、新业态和新主体,全面升级区域生产力和竞争力。作为浙江经济的最大特色、最大优势和最大资源,民营经济具有基础大、更新快、集群多、质量高、贡献大等特征。2021年,浙江民营市场主体868.5万户,其中企业313.8万户,涌现出吉利集团、阿里巴巴集团等一批世界500强,96家企业上榜中国民营企业500强,连续23年居全国第一;全省拥有十亿级市场243个、百亿级市场38个;网络经济发展迅猛,淘宝村和淘宝镇数量均居全国第一位,网络零售额、跨境电商交易额分别以25230亿、3303亿元稳居全国第二。① 民营经济贡献了60%的固定资产投资、66.3%的增加值、74%的税收收入、82%的外贸出口和88%的就业岗位。② 发达的市场体系、高度活跃的民营经济、集聚发展的产业集群,不仅让浙江居民因就业创业机会多、收入增长快和人均GDP收入转化率高等而"富裕",还带来了底层民众收入改善显著和城乡区域差距收缩等包容性发展的"共同"效应,进而让浙江共富水平大幅度领先于全国平均水平。

（二）有为政府是浙江高质量发展逐步实现共同富裕的关键引领

党政有为,是浙江高质量发展逐步实现共同富裕的一个重要特征。世界银行增长与发展委员会指出,"快速、可持续的经济增长并不是自动产生的,而是需要国家的政界领导人做出长期承诺,并且需要通过耐心、坚韧、务实的态度努力实现";"所有成功案例还有一个共同之处,那就是有一个能力日益增强,敢作敢为和值得信赖的政府"。③ 回顾改革开放的初期,浙江之所以能创造一个又一个经济体制改革创新的第一,就在于地方政府对民众改革创新精神和企业家精神的精心呵护与积极助推。21世纪以来,浙江直面"成长的烦恼"与"发展的阵痛",始终以"八八战略"为统领,全面深化改革开放,以"千万工程""欠发达乡村奔小康""低收入农户收入倍增行动""山海联动""两进两回行动"等持续升级的公共政策统筹城乡区域发展,在全国率先建立起被征地农民基本生活保障制度和新型农村合作医疗制度,在全国率先消除贫困县和绝对贫困人口,在全国率先推进美

---

① http://tjj.zj.gov.cn/art/2022/4/21/art_1229129214_4915328.html。
② http://tjj.zj.gov.cn/art/2021/6/7/art_1229129214_4653170.html。
③ 增长与发展委员会:《增长报告:可持续增长和包容性发展的战略》,北京:中国金融出版社,2008年。

丽乡村、生态省和文化大省等建设,不断提升城乡居民的获得感、幸福感和安全感。2018年,低保标准实现城乡同标;2019年,基本公共服务均等化实现度98.7%;2020年,五等份分组中,最低收入的20%家庭人均可支配是全国农民人均可支配收入的1.2倍;①2021年,低收入农户人均可支配收入由2020年的14365元增长至16491元,大幅高于收入增长平均水平。

(三)活力社会是浙江高质量发展逐步实现共同富裕的重要支撑

社会组织是国家治理体系的重要主体,是第三产业的重要组成部分,在吸纳就业、扶危济困、经济中介、社区服务、环境保护、权益保护、乡村振兴和疫情防控等领域贡献巨大。受惠于历史文化、经济发展水平和政府的引领助推,浙江社会组织活跃、志愿服务和公益慈善事业发达,以第三次分配促进共同富裕成效显著。1994年,全国第一个市级慈善会——嘉兴市慈善总会成立。同年12月成立浙江省慈善联合总会,现已实现县级以上全覆盖,并拥有1083个乡镇(街道)慈善分会、7328个村(社区)慈善组织、11748个义工队伍和59万多注册义工的慈善服务体系。2020年,该系统共筹集善款41.52亿元,援助支出40.09亿元,受益困难群众393万人次。② 2000—2020年间,浙江社会组织总量由11191个增长到71299个,按"七普"常住人口计算,平均每万人11个,大大超越全国平均水平。其中,社会团体数量由9803个增长至25853个,民办非企业单位由1388个增长至44619个,基金会由95个增长至827个,无论是增速还是总量,均位处全国前列。2020年,全省发展备案制社区社会组织23个,其中城市社区8.8万个、农村社区14.2万个,城乡社区平均达到18个和8个;全省发展注册志愿者1540万多人,志愿服务队伍6.2万多支。2020年全省约3.4万家社会组织带动280余万名志愿者共同参与疫情防控工作。③ 此外,《浙江省青年志愿者大数据报告》显示,截至2021年6月,浙江共有注册青年志愿者(14~35周岁)717.1万人,占比42.13%;自2000年8月以来,1255.6万人次的青年志愿者参加了47.1万场次活动,累计志愿服务时间达4751.5万小时,在疫情防控、文明建设、垃圾分类和助老助残等领域作用积极。

---

① http://tjj.zj.gov.cn/art/2021/6/11/art_1229129214_4663061.html。
② http://www.zcf.org.cn/。
③ http://mzt.zj.gov.cn/art/2021/8/16/art_1229262778_4703016.html。

三、新发展阶段高质量发展促进共同富裕的实践进路

"经过多年探索,我们对解决贫困问题有了完整的办法,但在如何致富问题上还要探索积累经验"①,新发展阶段是扎实推动共同富裕的历史阶段,必须以高质量发展作为我国经济社会发展的主题。② 以高质量发展扎实推进共同富裕建设,需要进一步将理念引领、制度推进和空间均衡作为实践的关节点。

(一)理念引领:坚持以人民为中心全面贯彻新发展理念

发展理念是发展行动的先导,在新发展阶段以高质量发展扎实推进共同富裕,必须全面贯彻新发展理念,把新发展理念作为指挥棒、红绿灯。

全面贯彻新发展理念,必须坚持以人民为中心的根本立场。人民是发展的主体和目标,更是判断包含共同富裕在内的一切工作是非得失的实践主体。在马克思和恩格斯的著述中,自由与发展紧密相连,社会发展常被看作是一个不断由必然王国向自由王国飞跃的过程,一个不断推进人的全面发展和社会解放的过程。坚持以人民为中心的发展思想,需要从扩展人民实质自由的高度看待高质量发展和共同富裕水平,需要通过政府—市场—社会的合力不断提升人的可行能力和扩展发展机会。这要求不断加大人力资源开发、"提高就业创业能力、增强致富本领";与此同时,"要防止社会阶层固化,畅通向上流动通道,给更多人创造致富机会,形成人人参与的发展环境,避免'内卷''躺平'"。③

全面贯彻新发展理念,必须进一步突出新发展理念的引领作用。2021年1月,习近平总书记在省部级主要领导干部学习贯彻党的十九届五中全会精神专题研讨班开班式上指出,新发展理念是党的十八大以来最重要、最主要的理论和理念创新,它"是一个系统的理论体系,回答关于发展目的、动力、方式、路径等一系列理论和实践问题,阐明了我们党关于发展的政治立场、价值导向、发展模式、发展道路等重大政治问题。全党必须完整、准确、全面贯彻新发展理念",要着重从"根本宗旨""问题导向""忧患意识"三个方面把握新发展理念。④ 高质量发展,必须全面对标新发展理念的方向性和系统性要求,进一步提高发展的平衡性、协调性和包容性;以创新发展、协调发展、绿色发展和开放发展

---

① 习近平:《扎实推动共同富裕》,《求是》,2021年第20期,第8页。
② 本刊编辑部:《新发展阶段促进共同富裕的战略擘画》,《求是》,2021年第20期,第14页。
③ 习近平:《扎实推动共同富裕》,《求是》,2021年第20期,第5页。
④ 习近平:《把握新发展阶段,贯彻新发展理念,构建新发展格局》,《求是》,2021年第9期,第9—13页。

不断提升"全面富裕"水平,以共享发展不断夯实和提升"共同"水平,积极防范民粹主义和"福利主义"的诱惑与冲击,积极化解"均富""同等富裕""同步富裕""快速富裕"等对共同富裕的误读及其不良影响。

(二)制度推进:将中国特色社会主义制度优势转化为共富效能

制度重于技术。制度化的激励决定了有效率的经济组织能否生存与发展,制度性差异左右了国家间与区域间的发展差异,制度性安排决定了一个国家内部的贫富差异。扎实推进共同富裕,需要不断完善中国特色社会主义制度,着力将生产性制度优势转化为"富裕"的引擎,将分配性制度优势转化为"公平"的保障。

以供给侧结构性改革为主线加快构建新发展格局,不断完善生产性制度支撑。构建新发展格局是我国现代化的路径选择,是把握未来主动权的战略性布局和先手棋,是新发展阶段要着力推动完成的重大历史任务。[①] 加快构建新发展格局,必须坚持深化供给侧结构性改革这条主线,不断解放和发展社会主义生产力。坚持创新驱动发展,将创新放在现代化建设全局中的核心地位,优化创新环境,完善创新体制机制和国家创新体系,加大基础科学研究投入,发挥企业创新主体作用,激发创新人才活力,全力提升发展动能。完善市场经济体制,优化政府职能,加大产权保护力度,推进公平竞争性审查制度,拓展制度型开放,营造法治化、国际化、便利化营商环境,保护和激励企业家精神,充分激发各类市场主体活力,促进包容性发展。加强实体经济建设,发挥数字经济牵引作用,发展战略性新兴产业,建设世界级产业集群,强化行业发展的协调性,优化现代产业体系,提升产业链供应链现代化水平,提高经济质量效益和国际竞争力。坚持扩大内需这个战略基点,降低制度性消费成本,优化消费环境,建设在地消费型产业集群,培育(国际性)消费中心城市,协同推进国内国际两个市场两种资源,增强消费对经济发展的基础性作用,增强国内市场资源优势对深化开放发展的重要作用。

以共享发展为引领完善收入分配体系,着力加大分配性制度保障。扎实推进共同富裕,要"正确处理效率和公平的关系,构建初次分配、再分配、三次分配协调的基础性制度安排,……形成中间大、两头小的橄榄型分配结构"[②]。以提低、扩中和调高来实现共同富裕,需要市场、国家和社会共同携手。健全包容性发展机制,充分发挥小微企业和社会组织的作用,扩展弱势群体就业创业能力与机会,将更多的低收入群体纳入市场化分配体系;推进税制改革,优化税收结构,规范资本性所得,提升劳动收入占国民收入的比重,

---

① 习近平:《把握新发展阶段,贯彻新发展理念,构建新发展格局》,《求是》,2021年第9期,第14—16页。

② 习近平:《扎实推动共同富裕》,《求是》,2021年第20期,第7页。

增加城乡居民财产性收入。围绕人的全生命周期多层次多样化需求加大民生投入优化民生供给,加大普惠性人力资本投入提升低收入群体可行能力,建立健全"钱随人走"的公共转移支付制度,完善低收入群体救助帮扶和兜底保障机制,加快缩小城乡保障差距和逐步提高城乡低保水平,鼓励有条件的地区建设预防性、发展性的救助服务体系,持续推进基本公共服务均等化、标准化和可及化。完善政策激励,弘扬志愿精神,发挥群团组织桥梁与纽带作用,鼓励高收入人群和企业更多回报社会,推进全民慈善,充分发挥公益慈善的收入分配功能;健全社会组织管理体制,完善社会组织体制,优化社会组织发展格局,加大社区社会组织培育,着力提升社会组织专业化能力与规范化水平,更好发挥社会组织在慈善救助、社区服务、乡村振兴和基层治理中的积极作用。

(三)空间均衡:在集聚中走向区域与城乡平衡

以协调发展统筹区域城乡发展,实现高水平空间均衡,并不意味着资源和经济布局在空间上的平均分配。相反,过于强调平均只能带来效率的损失并导致空间失衡的固化。空间经济学和城市经济学等的研究表明,只要资源要素保持自由流动,经济集聚就会产生动态效率并促进人均收入上的空间收敛。《2009年世界发展报告》揭示了经济集中与生活水平趋同并行不悖的发展态势,指出经济一体化是发展中国家同时实现生产集中和消费趋同的最佳发展途径。陆铭、陈钊等人的实证研究证明我国2003年后存在大量的空间错配,需要通过"大国大城"等方略实现"在集聚中走向平衡"。[①] 在浙江,杭州、宁波与丽水、衢州占全省的经济比重一升一降,但人均可支配收入在收缩;城市经济的占比上升但城乡居民的收入差距在持续缩小。新发展阶段的高质量发展,需进一步优化资源的空间配置效应增强造富能力,并以一体化政策不断巩固和提升"共同"水平。

积极发挥城市群对区域经济的引领作用。经济密度和经济集中互为因果,随着发展水平不断提高;越是富裕,经济集中度和经济密度越大、生产率越高。[②] 其结果就是经济高度密集于数量有限的城市群都市圈。对照北美五大湖城市群和日本太平洋沿岸城市群等世界级城市群,我国长三角城市群与珠三角城市群等在经济密度等方面仍有较大的差距,要通过"亩产效益"等举措,进一步提升经济密度,并促进资源节约与低碳发展。都市是不同的市场和文化之间的门户,是创新的发动机,加快了创新的速度,[③]要充分利用

① 陆铭:《大国大城:当代中国统一、发展与平衡》,上海:上海人民出版社,2016年;陆铭、陈钊等:《大国治理:发展与平衡的空间政治经济学》,上海:上海人民出版社,2021年。

② 世界银行:《2009年世界发展报告:重塑世界经济地理》,北京:清华大学出版社,2009年。

③ [美]爱德华·格莱泽:《城市的胜利:城市如何让我们变得更加富有、智慧、绿色和幸福》,刘注泉译,上海:上海社会科学出版社,2012年。

核心城市在知识生产、科技设施、产业体系、人才密集和多元交互等方面的优势,充分发挥其在国家创新战略中的枢纽作用。合理的城市群内部分工合作,有助于打造世界级城市群。研究表明,较大的城市最适合开拓新企业,较小的城市更适合已经稳定的企业;中等规模的城市倾向于成熟产业而非新兴产业的专业化,大城市倾向于服务业而非制造业的专业化。① 高质量推进城市群一体化,既需要发挥各城市的优势,更需要以多层级全方位的政府间合作打破行政区经济的体制性约束。深入推进户籍制度改革,以数字化改革推进公共服务的智慧化办理,强化基础设施的互联互通,着力削弱边界效应,提升城市群对区域经济及国民经济的带动作用和区域均衡能力。

积极发挥城市经济对乡村振兴的引领与支撑作用。党的十九届五中全会报告指出,全面实施乡村振兴战略,要强化以工补农、以城带乡,以新型城乡关系加快农业农村现代化。② 基于空间均衡的乡村振兴,仍然需要强化城市经济和集聚经济的引领与支撑作用。充分发挥城市的市场功能、利用城市的内部规模经济和外部规模经济的渠道作用③,以消费经济与县域特色产业体系为支撑,以乡镇和农旅风情线等为基础构筑"特色农业+"产业集群,促进小农生产与现代农业发展有机衔接,推进一、二、三产业融合发展。巩固和完善农村基本经营制度、深化农村土地制度和农村集体产权制度改革,通过共享田园、共享农屋等方式盘活土地、农房等乡村闲置资源,推进乡村建设用地入市,挖掘乡村多种功能,增强乡村对城市资源的吸引能力,促进城乡对流互促、融合发展。鼓励和支持有条件的县市,全力推进全域城市化,全面消除基本公共服务的差别。

四、结 语

脱贫致富不易,共同富裕更难。作为社会主义本质的共同富裕,既指向"富裕"又包括"共同",需要在动态平衡中不断推进两者的有机融合。回顾人类历史长河,实现富裕是晚近的事,实现共同富裕的国家少之又少。放眼当下世界,一些国家实现了"富裕"但失去了"共同",贫富分化不断加剧,致使"社会撕裂、政治极化、民粹主义泛滥";④一些国家强调了"共同",但从此失去了"富裕"的动力,不是困于贫穷的泥潭,就是由相对富裕返

① 世界银行:《2009年世界发展报告:重塑世界经济地理》,北京:清华大学出版社,2009年。
② 《〈中共中央关于制定国民经济和社会发展第十四个五年规划和二〇三五年远景目标的建议〉辅导读本》,北京:人民出版社,2020年。
③ 世界银行:《2009年世界发展报告:重塑世界经济地理》,北京:清华大学出版社,2009年。
④ 习近平:《扎实推动共同富裕》,《求是》,2021年第20期,第4页。

回贫穷,教训同样深刻。这些深刻的教训表明,在动态平衡中实现"富裕"与"共同"的有机融合,市场、政府和社会缺一不可。既要充分发挥市场的创富引擎功能优势,又要充分发挥政府的公平促进和社会保障功能优势,还要充分发挥社会力量的社会和谐功能优势,以"有效市场＋有为政府＋活力社会"的优势组合不断增强共富合力。

改革开放以来,我国以中国式的现代化道路创造了经济发展的奇迹,解决了绝对贫困问题,全面建成了小康社会。在新发展阶段以高质量发展扎实推动共同富裕,需要进一步坚持以人民为中心的发展思想,强化新发展理念引领,将共同富裕与人的全面发展和社会的全面进步相连;需要全面深化改革,将生产性制度优势和分配性制度优势转化为共同富裕的发展效能;需要通过优化资源的空间配置达到更高水平的区域均衡与城乡均衡;需要每个地区都按照自身的实际,以久久为功的精神不断探索共同富裕的具体路径。